ABHANDLUNGEN DES METEOROLOGISCHEN DIENSTES
DER DEUTSCHEN DEMOKRATISCHEN REPUBLIK
Nr. 136 (Band XVIII)

Die Meteorologie im Dienste der Volkswirtschaft und des Umweltschutzes

Vorträge, gehalten auf der wissenschaftlichen Konferenz
am 31. Oktober 1984 in Potsdam

Mit 20 Abbildungen und 8 Tabellen

AKADEMIE-VERLAG BERLIN
1986

ISBN 3-05-500078-1

ISSN 0138-5658

Erschienen im Akademie-Verlag Berlin, DDR-1086 Berlin, Leipziger Straße 3—4

Lizenznummer: 202 · 100/447/86
Printed in the German Democratic Republic
Gesamtherstellung: VEB Druckerei „Thomas Müntzer", 5820 Bad Langensalza
Lektor: Dipl.-Met. Heide Deutscher
LSV 1465
Bestellnummer: 763 580 4 (2023/136)
04000

Inhaltsverzeichnis

Autorenverzeichnis

P. Ambrozy	MD der UVR
J. Barat	MD der UVR
A. Becker	Inst. f. Wasserwirtsch. Berlin, DDR
U. Damrath	MD der DDR
D. Devenyi	MD der DDR
G. Dietze	MD der DDR
H. J. Discher	Zentrum f. Umweltgestaltung, Luther-Stadt Wittenberg, DDR
D. Ebert	Min. f. Kohle u. Energie der DDR
G. Gäbel	Min. f. Verkehrswesen der DDR/HA Zivile Luftfahrt
J. Kluge	MD der DDR
D. Krumbiegel	MD der DDR
J. Pruchnicki	HMD der VRP
M. Rachner	MD der DDR
K. Richter	MD der DDR
Ju. S. Sedunov	Goskomgidromet der UdSSR
S. Slaby	HMD der CSSR
Z. Takanyi	MD der UVR

Grundsätzliche Fragen der Bewertung der atmosphärischen Ressourcen

von P. AMBROZY, D. DEVENYI, ZS. TAKANYI

Als Voraussetzung der Realisierung der gesellschaftlichen Reproduktion erweist sich das Vorhandensein der akkumulierten Mittel, wie der Werke, Maschinen, Rohstoffe u. a., das Vorhandensein der Arbeitskräfte, der Geldmittel und der Elemente der Naturschätze, z. B. Wasser, Brennstoff usw., die für die Produktion notwendig sind. Während der Produktion entstehen die Gebrauchsgegenstände und Dienstleistungen und werden die Geldmittel wieder erzeugt. Mehr oder weniger vollzieht sich dabei auch der Verfall der natürlichen Umwelt.

Lange Zeit war die Menschheit der Auffassung, die natürliche Umwelt und ihr Reichtum, der sich in den Naturschätzen verkörpert, sei unverletzlich, unerschöpflich. Sie benutzte diesen Reichtum frei, umsonst, wobei eine Art der Tätigkeit die andere nicht störte. Jedoch stellte sich in den letzten Jahrzehnten heraus, daß dieser Reichtum eingeschränkt ist und daß das Gleichgewicht der Nutzer auch verletzlich ist. Infolgedessen begannen die technisch entwickelten Länder, sich methodisch und wirtschaftlich mit der Umwelt auf den Gebieten zu befassen, wo man in die Schatzkammer der Natur am tiefsten eingedrungen war.

Die Erhaltung der Umwelt oder zumindest der verantwortungsbewußte Umgang mit ihr ist eine äußerst komplizierte Angelegenheit, da sie sowohl natürliche (physische), wirtschaftliche als auch gesellschaftliche Beziehungen und Folgen hat. In Übereinstimmung damit ist das Spektrum jener Wissenschaftszweige (und Spezialisten), die sich mit diesem Problem befassen müssen, sehr breit. Die Naturschützer forschen, auf welche Weise man den Verfall der natürlichen Umwelt reduzieren kann. Die Energetiker versuchen herauszufinden, mit welchen Rohstoffen man die natürlichen Energieträger, die immer mehr die Umwelt verschmutzen und immer teurer werden, am besten ersetzen könnte. Letztendlich bemühen sich die Ökonomen, ein System der Rechnungsführung des natürlichen Reichtums auszuarbeiten, das den Berechnungen des übrigen Nationaleinkommens analog ist.

Zuletzt sollte man eine zusätzliche Bemerkung hinzufügen. Bei der Schaffung neuer Werte, der Produkte, wird in der Regel nicht berücksichtigt, in welchem Maße die natürliche Umwelt und Naturschätze angegriffen und verunreinigt werden. In diesem Zusammenhang wäre es wünschenswert, daß sich im Preis der neuen Produkte immer der Aufwand widerspiegelt, der zur Wiederherstellung der angegriffenen, verschmutzten Ressourcen notwendig ist. Auf diese Weise würden alle Naturschätze zum meßbaren Teil unserer nationalen Ressourcen.

Diese Erkenntnis fand bald den Widerhall auch in Ungarn. Angesichts der stärker wachsenden volkswirtschaftlichen Bedeutung einer optimalen Nutzung der natürlichen Ressourcen haben die zuständigen Regierungsorgane die Forschungsaufgabe als Staatsplanaufgabe formuliert, die der Akademie der Wissenschaften der UVR zugeordnet wurde. Sie lautet: „Allseitige wissenschaftliche Erkundung der Naturschätze des Landes“.

Das Ziel dieser grundlegenden Richtung der Forschungen ist eine verstärkte Nutzung der Naturschätze, Klärung der zwischen ihnen bestehenden Beziehung, Schaffung eines neuen Wertsystems der Rohstoffe, Zusammenstellung der Entwicklungsprognosen und Ausarbeitung der Lösungsalternativen. Das alles erfordert die Ausarbeitung einer einheitlichen Erfassung und Bewertung verschiedener Ressourcen, unabhängig davon, ob es um Bodenschätze, Wasser, Erde, Wald oder atmosphärische Ressourcen geht.

Was sind eigentlich Naturschätze?

Die Umwelt des Menschen besteht aus der Erdrinde, Erdoberfläche und den Elementen der Atmosphäre. Als Naturschätze gelten jene bekannten Elemente der natürlichen Umwelt, die bei einem bestimmten Niveau der Entwicklung der Produktivkräfte rentabel für die Deckung der materiellen Bedürfnisse der Gesellschaft genutzt werden können, aber auch jene, die es als natürliche Güter erlauben, die anderen Naturschätze effektiv zu nutzen oder ihre effektive Nutzung zu ermöglichen.

Eine etwas anders lautende Formulierung stammt von dem amerikanischen Ökonomen DERRICK SEWELL, der die Zugehörigkeit zu den Naturschätzen mit folgenden Bedingungen verbindet:

— Ressourcenvorrat soll im Vergleich zur Nachfrage bedeutend geringer sein,
— er soll einen Konflikt hervorrufen können, z. B. Belastung der Atmosphäre durch die verschmutzenden Stoffe,
— das gegebene Element der Ressourcen soll seinen wirtschaftszweigspezifischen Nutzer haben,
— sie sollen die Möglichkeit für Kapitalinvestitionen aufdecken,
— sie sollen die Möglichkeit der Anwendung moderner Technik und Technologie gewährleisten.

Ohne in eine Polemik über die Notwendigkeit beliebiger von diesen Bedingungen oder des Fehlens der zusätzlichen Bedingungen eintreten zu wollen, kann man feststellen, daß am Problem der Naturschätze die Ökonomen zumindest in gleichem Maße interessiert sind wie die Wissenschaftler, die sich mit der Erforschung verschiedener Elemente der Naturressourcen beschäftigen.

Weil die Erforschung der Naturressourcen bis jetzt eine ziemlich kurze Geschichte hat, sind Gruppierung und Klassifikation der Ressourcen zum Gegenstand der Diskussion geworden. Zur Anschaulichkeit werden hier zwei verschiedene Klassifikationen angeführt. Die erste wurde von dem Norweger PETTER LONGVA (Abb. 1) vorgeschlagen, die zweite wird in der ungarischen Akademie der Wissenschaften angewandt und wird hier in einem vereinfachten Schema dargestellt (Abb. 2).

ökonomische Klassifikation der Naturschätze	physikalische Klassifikation	physikalische Charakteristiken
materielle	mineralische: Elemente Minerale Kohlenwasserstoffe Steine, Kies, Sand	sich nicht reproduzierende
	biologische: in der Luft im Wasser auf der Erde in der Erde	bedingt sich reproduzierende
	zufließende: Sonnenstrahlung hydrologischer Zyklus Wind Meereswellen	sich reproduzierende
räumliche	Ressourcen des Zustandes: der Luft des Wassers des Bodens des Raumes	bedingt sich reproduzierende

Abb. 1. Klassifikation der natürlichen Ressourcen nach P. LONGVA [2]

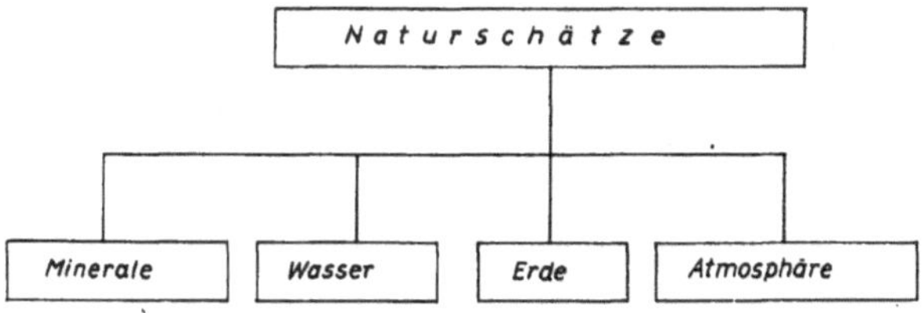

Abb. 2. Klassifikation der natürlichen Ressourcen, die in Ungarn angewandt wird

Wie aus den Abbildungen zu sehen ist, erfassen beide Klassifikationen ein und dasselbe Gebiet, aber die Unterteilung ist unterschiedlich. Das Wesentlichste ist eigentlich nicht die Gruppierung selbst, sondern die Frage, wie man diese Ressourcen quantitativ berücksichtigen und wie man mit ihnen nach einheitlichen Prinzipien umgehen kann.

Unsere Zukunft ist nicht nur durch das Schwinden der Naturschätze im traditionellen Sinne des Wortes, der Bodenschätze, der Rohstoffe, bedroht, sondern auch durch die Verringerung, Verunreinigung, qualitative Verschlechterung der nur bedingt zu erneuernden Ressourcen der Umwelt (unterer Teil der Abb. 1).

Im weiteren konzentriert sich unsere Aufmerksamkeit auf die atmosphärischen Ressourcen. Bei ihrer Betrachtung werden wir uns an die Prinzipien unserer Klassifikation halten. Bevor wir zur weiteren Erläuterung übergehen, ist zu vermerken, daß von den Ressourcen, die in der Abb. 2 angegeben sind, die atmosphärischen Ressourcen die jüngsten sind. In der ganzen Welt sind sie erst im letzten Jahrzehnt in den Ressourcenkreis eingegliedert worden, ungeachtet dessen, daß die Sonnen- und Windenergie schon seit einigen Jahrtausenden verwendet wird.

Als atmosphärische Ressourcen gelten:

— Stoffe, z. B. Gase, Aerosole, Feuchtigkeit,
— Eigenschaften, z. B. Temperatur, Druck,
— Prozesse, z. B. Niederschlagsbildung, Wolkenbildung,
— Energie, z. B. kinetische Energie, Sonnenstrahlung,

die bei einem bestimmten Niveau der Produktivkräfte rationell genutzt werden können.

Es ist zweckmäßig, die atmosphärischen Ressourcen unter Berücksichtigung möglicher Typen ihrer Nutzung in zwei Hauptgruppen einzuteilen:

1. Nutzung, wobei die Ressourcen sich selbst nicht verändern,
2. Nutzung, wobei die Ressourcen sich durch künstliche Einwirkung verändern.

Die erste Gruppe wird weiter in zwei Untergruppen eingeteilt:

a) aktive Nutzung,
b) passive Nutzung.

Wir betrachten einige Beispiele für jede Nutzungsart:

Bei der aktiven Nutzung der atmosphärischen Ressourcen werden ihre verschiedenen Elemente direkt mit Hilfe einer technischen Einwirkung, wie z. B. Umwandlung der Sonnen- und Windenergie in eine andere Art Energie, Nutzung atmosphärischer Niederschläge für die Bewässerung, die Fischzucht, die Nutzung der atmosphärischen Gase — N, O, Ar, Kr, Ne als Industrierohstoffe usw., genutzt.

Bei der passiven Nutzung der atmosphärischen Ressourcen werden operative Maßnahmen, wirtschaftliche und gesellschaftliche Lösungen vorgesehen, die die atmosphärischen Ressourcen direkt nicht beeinflussen. Aber sie erlauben, die vergleichenden Vorteile, die in den klimatischen Charakteristiken enthalten sind, auszunutzen. Als solche kann man z. B. die Anwendung des agrarklimatologischen Potentials oder mit anderen Worten die geeignetere Ausnutzung der klimatischen Bedingungen in der landwirtschaftlichen Produktion, die geeignete Orientierung der Gebäude unter Berücksichtigung der herrschenden Windrichtung und der Sonneneinstrahlung oder die Projektierung der Arbeiten, die unter freiem Himmel durchgeführt werden, unter verstärkter Berücksichtigung der klimatischen Besonderheiten u. ä. bezeichnen.

Zur Gruppe mit der Veränderung der Ressourcen gehören Methoden der Einwirkung auf die Niederschlagsbildung, Wolkenbildung und Nebelauflösung.

Um diese atmosphärischen Ressourcen mit den anderen Arten der Ressourcen nach ihren Werten zu vergleichen, ist es notwendig, eine Reihe von allgemeinen Begriffen zu definieren, was auch auf dem Gebiet der anderen Ressourcen getan wird.

Im Rahmen des Vortrages gibt es keine Möglichkeit, diese Begriffe ausführlich darzulegen, aber mittels Erwähnung einiger Grundbegriffe und Betrachtung einiger von ihnen möchten wir auf den Charakter und den Inhalt der Aufgabe hindeuten, die für die Gewährleistung der Möglichkeiten ökonomischer Einschätzung und der Berücksichtigung der atmosphärischen Ressourcen zu lösen ist.

Analoge Begriffe sind zum Beispiel:

- Typ der Lage der Ressourcen,
- natürliche Charakteristiken der Ressourcen,
- alternative Möglichkeiten (Austausch durch eine andere Art der Ressourcen),
- primäre Folge- und Zwischenprodukte der Ressourcen,
- Mannigfaltigkeit (Anwendung der Ressourcen für verschiedene Zwecke),
- quantitatives Äquivalent,
- Grad der Anwendung,
- Einschränkungen in der Erhöhung des Dargebotenen,
- Grad der Untersuchung der Elemente der Ressourcen usw.

Wir wollen von den aufgezählten Begriffen die alternativen Möglichkeiten betrachten. Bei der aktiven Nutzung erweisen sich die atmosphärischen Ressourcen in der Regel als alternative, denn die Energie wird auch aus anderen Quellen erzeugt. Gleichzeitig können sie in den meisten Fällen bei den anderen Arten der Nutzung nicht als alternativ betrachtet werden. So sieht es z. B. in der Landwirtschaft aus, obwohl ein bestimmter Nachteil der atmosphärischen Ressourcen in einem eingeschränkten Abschnitt und im Laufe einer bestimmten Zeit ergänzt werden kann (Treibhäuser), aber nur durch die kostspieligeren und nicht zu erneuernden Ressourcen und auf keinen Fall im Maßstab der ganzen Volkswirtschaft.

Im Zusammenhang mit der Mannigfaltigkeit, mit dem teilweise alternativen Charakter der atmosphärischen Ressourcen kann kein Grundprodukt ausgesondert werden, das als quantitatives Äquivalent zum Vergleich gelten könnte.

Man könnte annehmen, daß der für den Austausch erforderliche Aufwand, z. B. Bewässerung anstatt nanürlicher Niederschläge, für die Bestimmung der Werte dienen kann, aber die Kosten, die mit dem Austausch zusammenhängen, steigen bei der Erhöhung des räumlichen und zeitlichen Maßstabs exponentiell.

Versuchen wir zu untersuchen, wie es mit dem materiellen Aufwand und dem Produktionswert der atmosphärischen Ressourcen bei drei Arten ihrer Nutzung (Nutzung mit Veränderung der Ressourcen, aktive und passive Nutzung) aussieht, und zwar so wie sie sind, aber auch im Vergleich zu den anderen Typen der Ressourcen (Abb. 3).

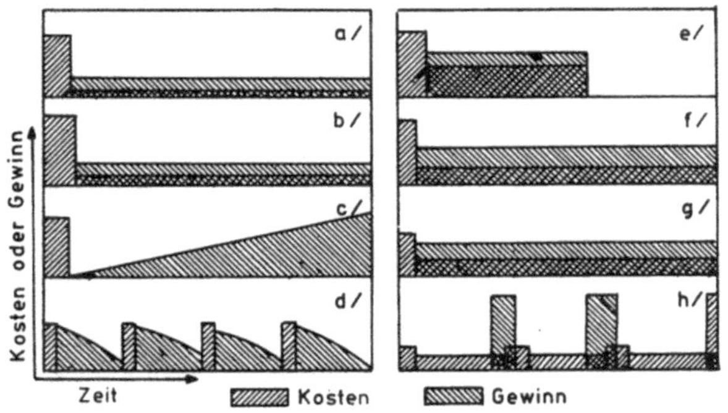

Abb. 3. Materieller Aufwand und Produktionskosten, die mit der Nutzung verschiedener Ressourcentypen zusammenhängen, a)—d) atmosphärische Ressourcen:
a) künstliche Einwirkung (z. B. Auslösen der Niederschläge),
b) aktive Nutzung (z. B. Nutzung der Sonnenenergie),
c), d) passive Nutzung, (c) Heizung, d) Pflanzenselektion zwecks Erreichung optimaler Erträge);
e)—h) andere natürliche Ressourcen:
e) Bodenschätze, f) Wasser, g) Erde, h) Wald

Es ist festzustellen, daß die atmosphärischen Ressourcen erneuert werden und ihre Nutzung — als Quelle — nicht eingeschränkt ist (mit Ausnahme von möglichen Klimaveränderungen). Auf der Abbildung erfaßt die waagerechte Achse die Perioden einiger Jahrzehnte und Jahrhunderte. Die Skala der waagerechten Achse (Kosten oder Nutzen) kann nicht einmal ungefähr bewertet werden, da einzelne Rechtecke auf der Abbildung nur einen qualitativen Vergleich erlauben. Die schraffierten Abschnitte stellen je nach Schraffur den Aufwand in der Kapitalinvestition oder im Inhalt, bzw. die Gegenleistung (Nutzen) dar (s. Abb. 3):

Bei der Veränderung bestimmter Elemente der atmosphärischen Ressourcen (a) ist der Aufwand in der Kapitalinvestition und Ausnutzung verhältnismäßig niedrig, wobei der Produktionswert sich als hoch erweisen kann.

Von den Arten der aktiven Nutzung der atmosphärischen Ressourcen (b) ist die Energieproduktion noch nicht rationell, aber die Technologie entwickelt sich in dieser Richtung. Die Anwendung der Sonnenstrahlung bei der Energieproduktion fordert noch sehr beträchtliche Kapitalinvestitionen bei hohen Betriebskosten, wobei die Produktionskosten sehr niedrig sind, aber sie verändern sich auf der ganzen Erde um Größenordnungen.

Bei der Gewinnung bestimmter Gase aus der Atmosphäre (N, Ar, He usw.) hängen Kapitalinvestitionen und Ausbeute mit dem verhältnismäßig niedrigen Aufwand zusammen; aber gleichzeitig sind die Produktionskosten hoch. Bei der passiven Nutzung der atmosphärischen Ressourcen beeinflussen letztere die Kosten, deshalb gelten alle anderen Faktoren auf den entsprechenden Abbildungen als fixiert (Heizung, Pflanzenselektion), und sie sind nicht dargestellt. So sind zum Beispiel bei der Berechnung der Heizung unter Berücksichtigung der Temperatur (c) die Investitionskosten unbedeutend; Betriebsaufwand ist nicht vorhanden, der Produktionsmehrwert erweist sich als beträchtlich und wächst mit der Zeit in Abhängigkeit davon, wie viele Systeme nach dem neuen Standard geschaffen werden.

Das Beispiel aus der Landwirtschaft: Für die Pflanzenzucht (d), die stärker an die Elemente der atmosphärischen Ressourcen angepaßt ist, fordert das Studium der notwendigen klimatischen Charakteristiken kaum Kapitalinvestitionen, dabei fallen keine Betriebskosten an, aber der Produktionsmehrwert ist hoch. Im rechten Teil der Abbildung sind die Beziehungen „Kosten—Gewinn" für die übrigen Typen der Ressourcen angeführt.

Um die atmosphärischen Ressourcen in der gesellschaftlichen Produktion mit möglichst hoher Effektivität zu nutzen, ist es notwendig, ihre Untersuchungen auf drei Ebenen durchzuführen:

a) Studium der meteorologischen Elemente, Charakteristiken und Prozesse, aber auch ihrer Wechselbeziehungen;
b) Ermittlung der Beziehung zwischen den atmosphärischen Ressourcen und deren Nutzung;
c) Studium der Wirtschaftlichkeit.

Zur ersten Ebene gehören alle meteorologischen Daten und Angaben, die im Prozeß jahrhundertelanger Beobachtungen und Forschungen akkumuliert worden sind. Mit diesen Daten kann man schon heute eine befriedigende Antwort auf eine Reihe von Fragen geben, aber ziemlich oft entstehen auch spezielle Anforderungen, denen man mit den vorhandenen Daten nicht mit genügender Genauigkeit entsprechen kann.

In der zweiten Ebene der Untersuchung steht das System der Beziehungen zwischen den atmosphärischen Ressourcen und den verschiedenen Methoden ihrer Nutzung. Auf der Abb. 4 ist dieses System der Beziehungen angegeben. Im Kopf der Tabelle sind die oben aufgezählten Gruppen der atmosphärischen Ressourcen angezeigt, in jeder von ihnen sind die möglichen Elemente der Ressourcen genannt. Links sind die Anwendungsbereiche aufgezählt. In jeder Spalte sind nutzbringende (Quadrate) und nicht nutzbringende (Kreise) Effekte angegeben. Das Vorhandensein beider Zeichen bedeutet, daß der gewinnbringende atmosphärische Parameter bei der Über- oder Unterschreitung der bestimmten kritischen Werte auch nicht gewinnbringend vom Standpunkt der Tätigkeit werden kann, z. B. eine bestimmte Menge der Niederschläge ist für die landwirtschaftliche Produktion von Vorteil, aber gleichzeitig kann ein Regenguß direkt schädlich sein.

Die Abbildung enthält keine Beziehungen, wo es von Seiten der Atmosphäre schädliche Erscheinungen gibt, z. B. Trockenperioden, Rauhreif, Hagel, Frost usw., obwohl ihr Effekt entscheidend sein kann, und die Verhütung und die Beseitigung des von diesen Erscheinungen angerichteten Schadens kann eine enorme ökonomische Wirkung haben.

Durch Ausdehnung von Hagelverhütungsmaßnahmen kann erreicht werden, daß sich infolge der Beseitigung des Hagelschlages der Durchschnittsertrag oder die Qualität von Obst, Weintrauben und Gemüse, die gegen Hagel empfindlich sind, verbessert, und dies seinerseits bedeutet, daß durch die Verhütung der Einwirkung der negativen atmosphärischen Ressourcen ein Mehrprodukt zu gewinnen ist.

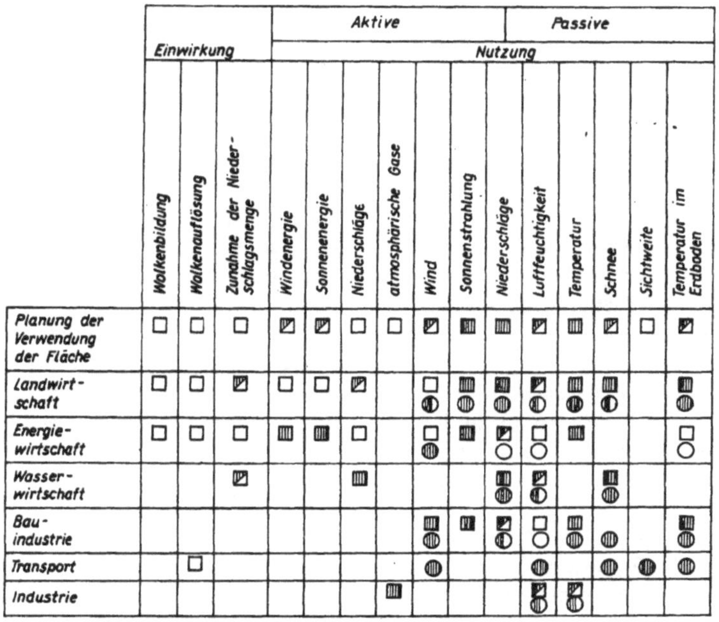

Abb. 4. Das System der Wechselbeziehungen zwischen den atmosphärischen Ressourcen und ihrer Nutzung; Quadrat — vorteilhafte, Kreis — nicht vorteilhafte Beziehung. Der Grad der Schraffur der Symbole ist dem Grad der Einwirkung proportional

Die zweite Untersuchungsebene enthält viel mehr Unbestimmtheiten als die erste. Für einen bedeutenden Teil der Beziehungen gibt es noch keine quantitativen Untersuchungen. Es ist unbekannt, wie eng diese Verbindungen sind und welcher Einfluß auf einzelne Anwendungsgebiete durch eine kleine Veränderung der atmosphärischen Ressourcen gemacht wird. Die Frage ist dadurch erschwert, weil bestimmte Elemente der Ressourcen eine komplexe Wirkung ausüben. Z. B. bei der passiven Nutzung im Pflanzenbau spielt fast jedes von den aufgezählten Elementen eine gewisse Rolle und sogar solche natürlichen Ressourcen wie Erde und Wasser.

Die dritte Untersuchungsebene befaßt sich mit der Effektivität der zu verwendenden Ressourcen. Auf der Abb. 4 weisen drei verschiedene Symbole darauf hin, daß der ökonomische Effekt verschiedener Arten der Nutzung in der nächsten Zukunft als bedeutend (voll gestrichelte Symbole), als mäßig (halb gestrichelte) und als gering (leere Quadrate oder Kreise) betrachtet werden kann. Die Richtigkeit der Information auf diesem Gebiet ist gering. Bei einigen Beziehungen läßt sich der ökonomische Effekt quantitativ bestimmen, aber dort, wo sich die Einwirkung der atmosphärischen Ressourcen schwer von den anderen Faktoren abgrenzen läßt, sind die Ergebnisse kaum glaubwürdig. Während einer Periode verlangsamter ökonomischer Entwicklung ist es nicht gleichgültig, wie man die Effektivität der gesellschaftlichen Produktion erhöhen kann. Diesem Ziel sollen die Klärung der Charakteristiken der atmosphärischen Ressourcen, ihre quantitative und qualitative Berechnung, die Untersuchung und die Einführung von effektiven Arten ihrer Nutzung zusammen mit den Nutzungsgebieten dienen.

Literatur

[1] SEWELL, W. R. D.: Emerging problems in the management of atmospheric resources: the role of social science research. Bull. Amer. Meteorol. Soc. **49**, (1968) No. 4.

[2] LONGVA, P.: A system of natural resource accounts. Rapporter fra Statistisk Sentralbyra, Oslo, No. 9 (1981).

Klima und Strategien zur Entwicklung der Volkswirtschaft

von J. PRUCHNICKI

Das Klima stellt eines der sich am schnellsten verändernden Elemente der natürlichen Umwelt dar. Die extremen klimatischen Erscheinungen, wie unabwendbare Folgen dieser Veränderlichkeit, schaffen ein großes Risiko für die Volkswirtschaft, darunter auch für die Landwirtschaft, die besonders empfindlich auf Wetterfluktuationen und klimatische Anomalien reagiert. Sowohl die Erforschung des Klimas und seiner Veränderlichkeit als auch die Möglichkeit einer Vorhersage der klimatischen Tendenzen bilden die Hauptvoraussetzungen für die Planung der Volkswirtschaft und ihre Anpassung an die veränderlichen und sich verändernden klimatischen Bedingungen (FEDOROV, IZRAEL 1979).

Der Einfluß des Klimas auf die Wirtschaft besteht darin, daß es einerseits die Naturbedingungen für das Funktionieren der Gesellschafts- und Wirtschaftsssysteme determiniert und andererseits — durch seine Veränderlichkeit — ein bestimmtes Risiko für die Wirtschaftstätigkeit schafft. Bei extremen Erscheinungen, wie Hochwasser oder Dürren, welche eine natürliche Folge der Veränderlichkeit des Klimas sind, wächst das Risiko der wirtschaftlichen Tätigkeit, wobei es in äußersten Fällen zu ernsten Störungen einzelner Wirtschaftssektoren oder ganzer gesellschaftlich-wirtschaftlicher Systeme führt, z. B. während der langanhaltenden Dürre in den Ländern der Sahel-Zone im vergangenen und im laufenden Jahrzehnt.

Es gibt auch keinen Zweifel, daß die wirtschaftliche Tätigkeit des Menschen selbst zu langzeitigen klimatischen Veränderungen mit neuen Charakteristika der kurzzeitigen Veränderlichkeit und verändertem Risiko für die Wirtschaft führen kann. Die gegenwärtige wirtschaftliche Entwicklung, die durch Wachstum der industriellen Produktion und damit verbundene Zunahme der Verunreinigungen der Atmosphäre, aber auch durch eine Änderung der Art der Bodennutzung charakterisiert ist, führt zu Wetter- und Klimaänderungen auf ständig größer werdenden Territorien. Entsprechend verschiedenen Hypothesen kann die Aufrechterhaltung der aktuellen Tendenzen der Emission von Kohlendioxyd und Wärme, die an die Atmosphäre abgegeben werden, zu spürbaren Klimaveränderungen im globalen Maßstab schon in nächster Zukunft, d. h. in den nächsten 50 Jahren, führen. Diese Veränderungen beeinflussen augenscheinlich vor allem die räumliche Verteilung der Wasserressourcen und die Bodenfruchtbarkeit negativ. Auf Grund dieser Bedingungen und unter Berücksichtigung der Ernährungsbedürfnisse der wachsenden Bevölkerungszahl auf der Erde haben der klimatische Einfluß auf die Wirtschaft und die Einwirkung des Menschen auf das Klima einen gesellschaftlichen Aspekt — das Recht des Menschen und der gesellschaftlichen Gruppen auf Nahrung und saubere Umwelt —, einen politischen Aspekt — gleiche Rechte für alle Nationen und Länder — und auch einen ethischen Aspekt — die Verantwortung der gegenwärtigen Generation für das Lebensniveau der zukünftigen Generationen —. Die Wirtschaftsplanung muß demzufolge nicht nur die Voraussicht der klimatischen Veränderungen, ihres Einflusses auf die Wirtschaft und auch die Maßnahmen zur Nutzung oder Neutralisierung dieses Einflusses berücksichtigen, sondern auch die eben genannten gesellschaftlich-politischen und ethischen Implikationen.

Das Ziel dieses Beitrages ist nicht, Vorschriften und Rezepte für die strategischen Wirtschaftsentscheidungen unter den Bedingungen des veränderlichen und sich verändernden Klimas aufzustellen, sondern wir möchten erläutern, wie kompliziert die interdisziplinären Beziehungen des Klimas und der Wirtschaft und auch die Fragen der wirtschaftlichen Entscheidungen unter Risikobedingungen sind.

Grundlegende Gedanken zur Planung der Wirtschaftsentwicklung unter den Bedingungen elementarer Gewalten von Wetter und Klima

Bevor wir das Modell der gegenseitigen Beziehungen des Klimas und der Wirtschaft darlegen, an dessen Beispiel wir den entscheidenden Prozeß diskutieren, der mit der Programmierung der Wirtschaftsentwicklung verbunden ist, wollen wir die Hauptgedanken als Grundlage für diesen Prozeß formulieren.

1. Das Klima ist ein Element der materiellen Ressourcen und in ökonomischen Kategorien zu betrachten, d. h., man muß nach einer Bestimmung der mit einer Wetter- und Klimaverschlechterung durch wirtschaftsbedingte Ausbeutung der atmosphärischen Ressourcen zusammenhängenden wirtschaftlichen Verluste in meßbaren Münzeinheiten streben. Zu diesen Verlusten kann man ein Absinken der Produktivität des Bodens durch Änderung der mittleren Lufttemperatur und Verlagerung der Wasserressourcen, aber auch

die Kapitalaufwendungen, die für eine Anpassung der Wirtschaft an die sich ändernden Klimabedingungen bestimmt sind, u. a. zählen.

2. Die Veränderlichkeit und Änderungen des Klimas schaffen ein Risiko für die wirtschaftliche Tätigkeit, das aus der Tatsache entspringt, daß die Wirtschaft vorwiegend nicht bereit gegenüber dem Auftreten unvorhergesehener Wetter- und Klimaschwankungen ist, und der Anpassungsprozeß ist zu langwierig im Vergleich zur Kurzzeitigkeit dieser Änderungen.
3. Die wirtschaftliche Tätigkeit des Menschen führt zu Klimaänderungen, wie Änderungen des Lokalklimas infolge der Emission von gasförmigen Verunreinigungen und Staub, aber auch von Wasserdampf in die Atmosphäre, Änderungen des Charakters der Bodenbestellung, große hydrotechnische Maßnahmen, welche die Naturbedingungen verändern, u. a.
4. Die Prognosen der Änderungen des Klimas und seines Einflusses auf die Wirtschaft werden durch einen hohen Unzuverlässigkeitsgrad gekennzeichnet, der aus der Unkenntnis aller Faktoren und Wirkungsmechanismen, aber auch ihrer Wechselbeziehungen entspringt, und der Grad dieser Unzuverlässigkeit wächst mit einer Zunahme des zeitlichen Prognosenhorizonts; die jahreszeitlichen Prognosen haben zur Zeit eine mittlere Treffsicherheit von 60—70%, die Prognosen für einen längeren Zeitraum sind mehr Hypothesen oder wissenschaftliche Spekulationen, die auf sehr näherungsweisen Voraussetzungen basieren. Dementsprechend ist nicht genau bekannt, wie die wirtschaftliche Tätigkeit des Menschen das Klima letztlich im Makromaßstab beeinflußt und ob die verschiedenartigen geplanten Vorbeugungsmaßnahmen ihre Aufgaben erfüllen.
5. Die Programmierung der Strategie der wirtschaftlichen Entwicklung unter Berücksichtigung der Klimaänderungen erfolgt unter den Bedingungen der Unzuverlässigkeit und des damit verbundenen Risikos, woraus die Notwendigkeit einer Analyse des Nutzens und der Verluste entspringt, die durch dieses Risiko verursacht sind, das infolge der Veränderlichkeit und der Änderungen des Klimas und der Unzuverlässigkeit ihrer Prognose entstehen. Ziel dieser Analyse ist eine Maximierung des Nutzens bzw. eine Minimierung der Verluste bzw. das eine und das andere.

Aus diesen Thesen geht hervor, daß die Planung der Wirtschaftsentwicklung unter Klimaeinfluß ein kompliziertes und interdisziplinäres Problem ist. Die Mittel und die Maßnahmen bei einer langfristigen wirtschaftlichen Tätigkeit, die mit Klimaänderungen verbunden ist, werden anders sein als bei einer kurzzeitigen Veränderlichkeit. Im ersten Falle dominieren die technologischen Veränderungen, die die Wirtschaft an die Klimaveränderungen anpassen.

Die politischen und ethischen Faktoren können auch Bedeutung für die Planung im globalen und regionalen Maßstab haben (Probleme der Bevölkerungsbewegung, der großen Investitionen, des Umweltschutzes).

Das Modell der gegenseitigen Beziehungen zwischen Klima und Wirtschaft

Die Einwirkung des Klimas auf die Wirtschaft ist ein Produkt der klimatischen Fluktuationen und der existierenden gesellschaftlich-wirtschaftlichen Strukturen. Für die Erläuterung dieser These benutzen wir das von Warrick (1980) verifizierte Kates-System-Modell (1979). Dieses Modell besteht aus drei Blöcken mit den zwischen ihnen bestehenden Rückkopplungen (vgl. Abb. 1). Der erste Block erfaßt das Gebiet der gesellschaftlich-wirtschaftlichen Strukturen, der zweite die Hauptinformationselemente des Systems und schließlich der dritte die Elemente der Einschätzung und der Wahl der Entwicklungsstrategie. Das sind die Elemente der „Antworten" des Systems.

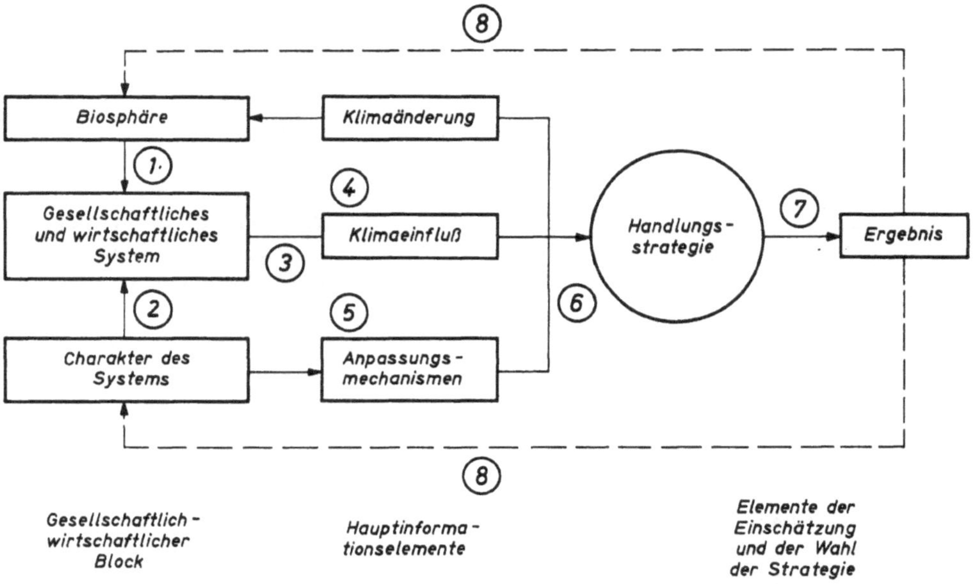

Abb. 1. Elemente des Systems der Strategieplanung der wirtschaftlichen Entwicklung unter dem Klimaeinfluß, nach Warrick (1980)

Um die endgültige Antwort vom System und genauer das Ergebnis der Klimaeinwirkung auf die Sphäre des gesellschaftlichen und wirtschaftlichen Lebens und die damit verbundene Wahl der Wirtschaftsstrategie zu bekommen, müssen wir zuerst folgende Fragen beantworten:

1. Welche Einwirkungen haben die durch das Klima und durch seine Veränderungen hervorgerufenen Beeinträchtigungen der „Biosphäre" auf den gesellschaftlich-wirtschaftlichen Sektor? Die erstrangige Frage ist natürlich vor allem eine Identifizierung dieser „Beeinträchtigungen" sowie ihres Bereiches und ihrer Ausdehnung. Als Beispiel für die Beeinträchtigung kann man den sinkenden Ertrag der Pflanzenkulturen bei der Abkühlung des Klimas anführen. Dabei entsteht die Frage, wie die Folgen dieser sinkenden Produktion für den Lebensstandard aussehen werden. Oder welche Maßnahmen sind notwendig, um diese Einflüsse reduzieren oder beseitigen zu können? Welche technischen Mittel muß man dabei anwenden und wie hoch sollen die Kosten liegen?

Dies ist ein ständig auftretendes Problem, weil die angewandten Mittel und Maßnahmen unter den Bedingungen der Veränderlichkeit des Klimas nicht zu endgültigen Lösungen führen. Es ändert sich nur der Bezugshorizont.

2. Wie sind die Charakteristika des zu betrachtenden gesellschaftlichen und wirtschaftlichen Systems, wie seine Ordnung, wie sein Grad der technologischen und gesellschaftlichen Entwicklung, die gesellschaftlichen Verhaltens- und Reaktionsnormen in kritischen Situationen, die Besiedlungsformen (Übergewicht der Stadt über das Dorf) und die demographischen Eigenschaften (Bevölkerungsdichte, Wachstumsnorm usw.). Diese Charakteristika geben die Möglichkeit, den Grad der Empfindlichkeit, der Rezeptionsfähigkeit und der Elastizität bei den Reaktionen des Systems auf die Störungen durch das Klima zu beurteilen.

Der Klarheit halber muß man die Bedeutung dieser drei Termini präzisieren, die von einigen Wissenschaftlern, die sich mit dieser Frage befassen, unrichtig als Synonyme verwendet werden. Hierfür werden die Überlegungen von Czelnai (1980) angeführt, der annimmt, daß die Empfindlichkeit des Systems ein Maß der „direkten" und der „automatischen" Reaktion auf den Impuls als Ergebnis der Klimaänderung ist, während die „Rezeptivität" den Grad der endgültigen Schutzlosigkeit des Systems gegenüber den Klimaeinflüssen bezeichnet. Damit ist die Empfindlichkeit ein natürliches Symptom der Frage, und die Rezeptivität ist vom Zustand des Systems selbst abhängig, d. h., die Annahme der Rezeptivität ist wie ein „Privileg" der Gesellschaft. Die Empfindlichkeit bezieht man oft auf ein bestimmtes schmales Feld der Einwirkung des Klimas, während die Rezeptivität auf das Gesellschafts- und Wirtschaftssystem insgesamt bezogen wird und sowohl die primären als auch die sekundären klimabedingten Aspekte in den einzelnen empfindlichen Einwirkungsregionen umfaßt.

Aus den dargelegten terminologischen Erläuterungen folgt, daß das System, welches als empfindlich gegenüber Klimaeinflüssen definiert ist, gegenüber diesen nicht empfänglich sein muß dank Prozessen, welche von der Gesellschaft kontrolliert werden (z. B. die Reserven guter Ernten gewährleisten einen Ausgleich des Defizits oder der Verluste in Mißerntejahren). Manchmal jedoch, besonders in den Entwicklungsländern, können Gesellschaften, die allgemein gegenüber dem Klimaeinfluß nicht allzu empfindlich sind, äußerst rezeptiv gegenüber diesem Einfluß wegen der allgemeinen zivilisatorischen und technischen Rückständigkeit und wegen des Fehlens einer Infrastruktur sein.

Den Zusammenhang zwischen „Empfindlichkeit" und „Rezeptivität" definiert Czelnai als Begriff der „Elastizität" des Systems, welche den Grad der Fähigkeit des jeweiligen Systems zur Aufnahme der effektiven Einwirkungen zum Ausdruck bringt mit dem Ziel einer Senkung der Rezeptivität dieses Systems gegenüber der Klimaeinwirkung auf empfindliche Regionen. Diese Abhängigkeit kann man in der Form ausdrücken $R = f(S, V)$; die Funktionsart dieser Abhängigkeit ist unbekannt, dadurch ist es nicht möglich, diese Abhängigkeit zu quantifizieren. Ihr Wesen kann man jedoch durch zusätzliche Bedingungen klären:

$S = V$, die Elastizität R existiert nicht und der potentielle Verlust oder der Schaden des empfindlichen Wirtschaftssektors ist unvermeidlich;

$S < V$, die Elastizität ist negativ, und es tritt eine Zustandsverschlechterung des Systems ein;

$S > V$, das System ist gegenüber den Klimaeinflüssen elastisch.

Das Problem der Identifizierung der Parameter „Empfindlichkeit" und „Rezeptivität" des Systems gegenüber den Klimaänderungen ist äußerst wesentlich vom Gesichtspunkt der Bearbeitung der Reaktionsstrategie des Systems auf Klimaänderungen. Diese Parameter sind nicht konstant, sondern sie ändern sich infolge der inneren Entwicklung, wobei sie neue Bezugsniveaus herstellen.

3. Wie sind die Wege und Methoden für die Verbreitung der klimatischen Störungen und für ihren Übergang über die Grenzen einzelner Wirtschaftszweige? Dabei üben sie einen entscheidenden Einfluß auf den Lebensstandard der Gesellschaft aus. Diese Einwirkungen werden durch die politischen, sozialen und ökonomischen Gegebenheiten des Systems „filtriert". Eine Untersuchung dieser Mechanismen ist wichtig bei der Einschätzung bestimmter Abwehrstrategien gegenüber bestimmten Klimaerscheinungen.

4. Wie sind die Ausmaße und die Verbreitung der Gesamteinwirkung des Klimas im Rahmen eines bestimmten gesellschaftlich-ökonomischen Systems? Das heißt, wie ist die zeitliche und räumliche Auflösung dieser Einwirkung in den bestimmten gesellschaftlichen Gruppen? Wer hat den Nutzen, wer trägt die Kosten, warum und wann?

Die Erforschung solcher Zusammenhänge ermöglicht es, die Empfindlichkeit des Systems gegenüber klimatischen Erscheinungen zu klären und eine Strategie für eine Reduzierung dieser Empfindlichkeit auszuarbeiten.

5. Welche Art und Ausmaße haben die Adaptionsmechanismen, mit deren Hilfe sich die Gesellschaft an die Fluktuationen und Veränderungen des Klimas anpaßt? Wie sind die Kosten und die Ergebnisse der Funk-

tion dieser Mechanismen, ihre Verbreitung in der Gesellschaft?

Mit anderen Worten, uns interessiert, welche Mittel man investieren muß, um die Rezeptivität eines Systems gegenüber Hochwasser und Dürren zu reduzieren, welches dabei der Anteil der direkten (Investitions-)Kosten ist und wieviel die latenten gesellschaftlichen Ausgaben in Form von Enteignung und Umsiedlung der Bevölkerung, des Ruins einzelner Landwirtschaften, der Rationalisierung der Landwirtschaft usw. betragen. Die gesammelte Erfahrung über die Wirkung der Anpassungsmechanismen kann auf andere Zeiträume und Territorien übertragen werden.

6. In welcher Art und Weise werden die Informationen über die Klimaänderungen in der Strategie der Wirtschaftsentwicklung erfaßt, interpretiert, eingeschätzt und genutzt?

Die Informationen über die klimatischen Erscheinungen und ihre Einflüsse und die Reaktion des Systems sind unterschiedlich und nicht immer zuverlässig. Es sind meistens spontane Erscheinungen, und ihre Ausmaße wachsen mit der Verlängerung des zeitlichen Horizontes.

So werden z. B. die langfristigen Prognosen durch einen hohen Grad der Unzuverlässigkeit charakterisiert, und die Vorhersage von Klimaänderungen infolge eines Anwachsens des Kohlendioxyds und anderer Beimengungen hat mehr den Charakter einer wissenschaftlichen Hypothese, die auf mehr oder weniger bekannten natürlichen Wirkungsmechanismen basiert. Die Methoden der Erlangung dieser Kenntnisse sind verschieden, beginnend mit einer Extrapolation, die aus einer Untersuchung des Verlaufs der Klimaprozesse und Klimaerscheinungen in der Vergangenheit folgt, bis hin zu mathematisch-statistischen Modellen (bekannt als klimatologische Modelle) und bis zu dynamischen Modellen (die auch auf einer Lösung der globalen Zirkulation der Atmosphäre basieren).

Die Interpretation der Ergebnisse durch die Klimatologen und die Politiker (die die Entscheidungen treffen) kann verschieden sein. Die Methode der Nutzung der vorgewiesenen Informationen im Entscheidungsprozeß hat eine große Bedeutung für die Wahl der Entwicklungsstrategie und steht ebenfalls unter dem Aspekt der möglichen „Antworten" des Systems.

7. Wie sind die Bedingungen und Einschränkungen der Auswahl, die eine bestimmte „Antwort" des Systems auf die Klimaveränderungen hervorrufen? In diesen Kreis gehören die Systeme und Mechanismen für die Entscheidungen und ihre Finanzierung, die gesellschaftlichen Ziele und Prioritäten, die Einschränkungen durch Unzuverlässigkeit und Risiko. Die wesentlichen Einschränkungen können im System selbst liegen, das funktionsunfähig ist.

In den Entwicklungsländern kann dies die Abhängigkeit von den Einschränkungen sein, die durch die Abhängigkeit von den internationalen Regeln des Marktes und der Kolonisation — den Wurzeln der eigenen Macht- und Wirtschaftsstruktur — verursacht werden. In der Zukunft kann eine der möglichen globalen Einschränkungen der Strategie der sog. Nord-Süd-Konflikt werden, unter dem die industriell entwickelten Staaten und die Entwicklungsländer gemeint sind.

8. Wie sind die umgekehrten Effekte der „Antwort" vom System, die durch die Auswahl einer bestimmten Entwicklungsstrategie der Umwelt und der Gesellschaft hervorgerufen wurden? Das Modell insgesamt ist so weit dynamisch, daß eine Veränderung der Ausgangsbedingungen eine Veränderung der „Antwort" im System hervorruft. Diese Veränderung der „Antwort" verursacht ihrerseits einen neuen Bezug auf die Betrachtung des neuen Zustandes des Systems. Die gezeigten Komplikationen des Systems Klima—Wirtschaft bringen den Gedanken hervor, daß an der Erarbeitung seiner Mechanismen und an den Entscheidungen Spezialisten aus vielen, scheinbar weit voneinander entfernten Gebieten teilnehmen müssen.

Handlungsstrategie im Falle eines einzelnen Klimaimpulses

Die komplexe Adaptionsstrategie der Gesellschafts- und Wirtschaftssysteme an die Klimaänderungen erfaßt alle möglichen Aktivitäten, mit deren Hilfe sich die Gesellschaft vor den nachteiligen Folgen der Klimaschwankungen und -änderungen schützen kann. Das Ausmaß und die Art dieser Aktivitäten hängen von dem Ausmaß und der Art des Einflusses und auch vom Gebiet ab, in dem sie zur Wirkung kommen. Aus vielen Gründen scheint es wenig wahrscheinlich, eine Strategie zu besitzen, die die Gesellschaft absolut sicher vor Klimaänderungen schützen würde. Darüber entscheiden so-

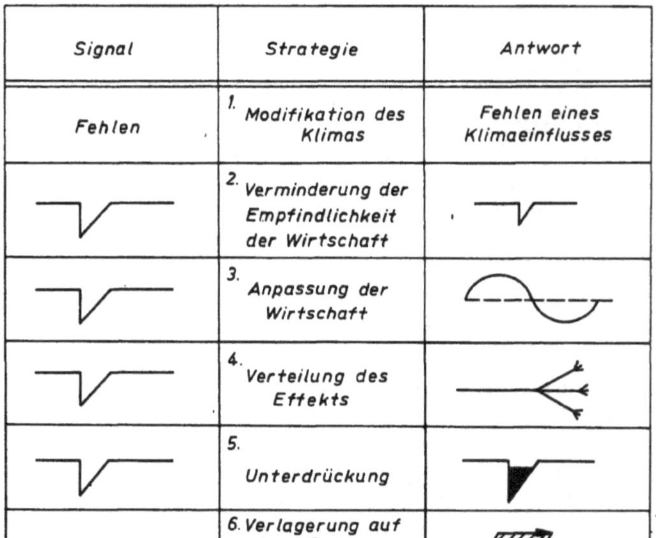

Abb. 2. Reaktionsstrategien der Wirtschaft auf einen einzelnen Klimaimpuls, nach CZELNAI (1980)

wohl technische als auch möglicherweise vor allem ökonomische Faktoren. Man muß bedenken, daß alle Maßnahmen bei einer Unzuverlässigkeit bezüglich der Richtung der Klimaänderungen und ihrer Folgen, aber auch bei einer Unzuverlässigkeit bezüglich der Effekte unserer risikoträchtigen Aktivität durchgeführt werden.

In dieser Situation entstehen zwei Hauptfragen:

1. Sind wir bereit, die Kosten für die Anpassung schon heute zu tragen oder lassen wir sie erst für die Zukunft? (In der Praxis bedeutet das, daß die Kosten von den nächsten Generationen getragen werden.)
2. Gibt es eine Strategie, durch die die Kosten reduziert werden können, oder ist es einfacher, die Kosten schon heute zu tragen, weil sie in der Zukunft unvergleichlich höher liegen werden, wenn nicht jetzt notwendige Maßnahmen getroffen werden.

R. Czelnai (1980) hebt unter diesen Fragen eine Reihe von möglichen elementaren Handlungsstrategien hervor. Diese Strategien bilden eine alternative Reihe für den einzelnen Klimaimpuls (das heißt ein negatives Symptom der Klimaveränderlichkeit oder der Klimaänderung, das gesondert von allen anderen Erscheinungen auftritt) oder in bedeutender zeitlicher Entfernung, wie es auch in Abb. 2 zu sehen ist.

Strategie 1 ist auf die Beseitigung des Einflusses des klimatischen Impulses durch rechtzeitige entsprechende Modifikation des Klimas orientiert. Es scheint aber wenig real, daß diese Strategie in nächster Zeit weite Verbreitung findet, und sie wird auch in diesem Fall sehr teuer im Vergleich mit der Unzuverlässigkeit ihrer Ergebnisse. Für eine langzeitige Entwicklung kann man diese Strategie im Auge behalten.

Strategie 2 ist auf die Reduzierung der Empfindlichkeit des wirtschaftlichen Sektors, der den klimatischen Einflüssen ausgesetzt ist, orientiert. In der Landwirtschaft können die Folgen einer Dürreperiode durch Bewässerung oder durch Kultivierung von gegenüber Wassermangel unempfindlichen Getreidesorten oder durch Mechanisierung, welche eine Beschleunigung der Ernte ermöglicht, reduziert werden. Diese Strategie beseitigt nicht alle Verluste. Ihre Bedeutung liegt in den rechtzeitigen Investitionen für die Sicherung des Erfolges.

Strategie 3 setzt die Anpassung der Wirtschaft an die klimatischen Veränderungen mit den sich periodisch wiederholenden negativen Erscheinungen voraus. Die statistische Untersuchung der Wiederholungsperioden der gefährlichen Erscheinungen und ihrer Extreme (Überschwemmungen, Dürreperioden, Frostauswirkungen) hat in diesem Fall eine wichtige Bedeutung für die Ausarbeitung der bestimmten Handlungsstrategien, die gegen die negativen Auswirkungen der extremen Erscheinungen gerichtet sind. Das Risiko wird dabei auf die Sicherung des wirtschaftlichen Gleichgewichts für einen langen Zeitraum mit minimalen Verlusten in den kurzen, aber seltenen Zeitperioden der ungünstigen klimatischen Erscheinungen orientiert. Hier werden die Verluste in den schlechten Jahren durch die Erfolge in den anderen Jahren kompensiert. Das heißt, daß die Wirtschaft auf lange Zeit ausgeglichen bleibt und die Auswirkungen der Zeitperioden ungünstiger klimatischer Einwirkungen sich auf längere Zeit verteilen.

Strategie 4 bedeutet eine Zerstreuung der Klimaeinwirkung durch ihre Verteilung auf mehrere Zweige (Sektoren) des gesellschaftlich-wirtschaftlichen Lebens. Das heißt, daß die Exportverluste einer Getreidesorte durch die Exportsteigerung einer anderen Sorte oder durch Importeinschränkung oder automatisch (Preisänderung durch Wirkung des freien Marktgesetzes von Angebot und Nachfrage) kompensiert werden. So werden die Wirtschaftsverluste minimal gehalten.

Strategie 5 sieht die Nutzung der Reserven für den Ausgleich der Verluste oder Mängel in der Wirtschaft vor, die infolge der Einwirkung eines ungünstigen Klimaimpulses entstanden sind. Das ist eine sogenannte natürliche Strategie, die für gesellschaftlich-ökonomische Systeme auf niedrigem Entwicklungsniveau typisch ist, bei denen eine natürliche Ausbeutung der Ressourcen bestimmend ist. Solche Aktivität ist schon eine Strategie, weil ihre Anwendung eine Regierungsentscheidung voraussetzt.

Strategie 6 beinhaltet die Beseitigung der Klimaeinwirkungen durch ihre Verlagerung auf einen nichtwirtschaftlichen Sektor, z. B. auf die Infrastruktur, die Bildung, das Sozialwesen, das Gesundheitswesen und den Umweltschutz. Sie ist eine schwache Strategie. Sie wirkt wie eine Bombe mit Zeitzünder und führt früher oder später zu ernsthaften Entwicklungsschwierigkeiten. Außerdem ist die Schwäche der Infrastruktur die Ursache für eine Verminderung der Elastizität des Systems auf den erwarteten Einflußeffekt einer Änderung oder Fluktuation des Klimas.

Strategie 7 bedeutet Fehlen jeglicher Strategien und kommt in unterentwickelten Ländern vor. Diese Länder können die klimatischen Auswirkungen auf die Wirtschaft nicht unter Kontrolle halten. Jedes Signal kann zu ernsthaften Schwierigkeiten in der Wirtschaft führen. Das Nichtvorhandensein einer der Strategien führt im Endeffekt zur wirtschaftlichen Katastrophe, je nach der Intensität des klimatischen Impulses. In den entwickelten Ländern werden eine oder eine Kombination der genannten Strategien praktiziert. Das Problem kompliziert sich, wenn mehrere ungünstige klimatische Erscheinungen aufeinanderfolgen.

Die Adaption der Wirtschaft an das Risiko klimatischer Einwirkungen

Mit dem Problem der Verluste und dem Risiko in der Wirtschaftsplanung durch die Klimaeinwirkungen beschäftigten sich viele Autoren, deren Arbeiten u. a. in „CIAP Monograph no. 6", aber auch in der Monographie „Interactions of Energy and Climate" (1980) veröffentlicht sind. Einer von ihnen, Laurmann, beschäftigte sich mit der Einschätzung der Aufwendungen und Kosten in der Weltwirtschaft für die Beseitigung der negativen klimatischen Einwirkungen und insbesondere mit der CO_2-Konzentrationssteigerung in der Luft um 3% jährlich, die zur Verdopplung des CO_2-Gehaltes in der Atmosphäre im Jahre 2040 führen wird.

Die kumulative Wahrscheinlichkeit für eine bestimmte Erhöhung der mittleren Lufttemperatur des Erdballs als Funktion der Zeit, die durch erhöhte CO_2-Konzentration hervorgerufen wird, ist in Abb. 3 dargestellt. Die Verdopplung des CO_2-Gehaltes in der Atmosphäre im Jahre 2040 verursacht bei 50% Wahrscheinlichkeit eine Zunahme der mittleren Lufttemperatur um etwa 2,5 °C und bei 90% Wahrscheinlichkeit um etwa 1 °C.

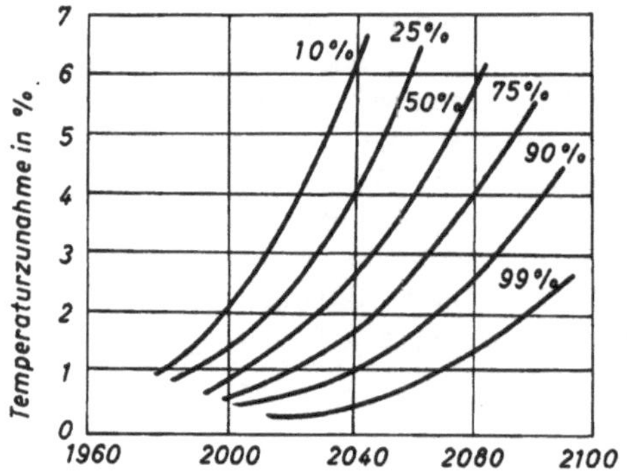

Abb. 3. Die Wahrscheinlichkeit der Änderung der mittleren Lufttemperatur als Funktion der Zeit bei einem Wachstumsniveau der CO_2-Konzentration von 3%, nach LAURMANN (1980)

Auf Abb. 4 sind die Investitionen für die Adaption der Wirtschaft oder der Wirtschaftsverluste als Funktion der Zeit dargestellt, die durch die Erhöhung der mittleren Lufttemperatur verursacht werden. Die Höhe dieser Investitionen als Teil der Weltbruttoproduktion hängt von der angenommenen Variante der Wahrscheinlichkeit für die Erhöhung der mittleren Lufttemperatur ab. Die 50-%-Funktion auf Abb. 4 entspricht der Wahrscheinlichkeitskurve auf Abb. 3. Im Jahre 2040 werden diese Investitionen etwa 3% der Weltbruttoproduktion umfassen bei einer Wahrscheinlichkeit von 25%. Das heißt, daß sie bis auf 8% der Weltbruttoproduktion bei der „niedrigeren Gefahr" oder dem „niedrigeren Risiko" steigen werden.

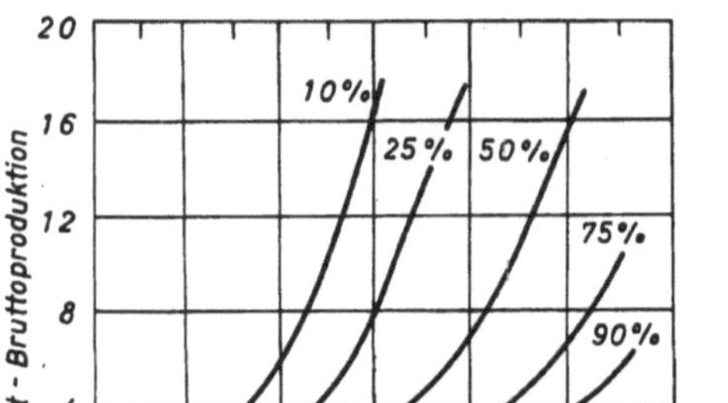

Abb. 4. Die Ausgaben für die Klimaänderungen als Funktion der Zeit bei einem Wachstumsniveau der CO_2-Konzentration von 3%, nach LAURMANN (1980)

Aus diesem Beispiel ist zu ersehen, daß die Strategien der ökonomischen Entwicklung, die auf die maximale Risikoreduzierung der negativen Folgen der Klimaveränderungen orientiert sind, eine solche Höhe der Investitionen voraussetzen, daß ihre Realisierung durch die zu hohen finanziellen Aufwendungen nicht möglich sein wird. Man darf dabei nicht erwarten, daß das gesamte Nationaleinkommen (oder das Weltprodukt, wenn man in globaler Größenordnung rechnet) zur Vermeidung des Risikos bestimmt wird, das mit den Klimaänderungen verknüpft ist, welche spontanen Charakter haben.

Die entsprechenden Organe stoßen bei ihren Entscheidungen über die Wahl der Entwicklungsstrategien auf folgende kritische Elemente:

a) das Unsicherheitselement, das aus dem spontanen Charakter der Wetter- und Klimaerscheinungen, aber auch aus der Prognose ihrer Änderungen entspringt,
b) die Unsicherheiten bei der Einschätzung der Folgen dieser Änderungen für die Volkswirtschaft,
c) die Unsicherheiten bei der Einschätzung der Realisierbarkeit und der Effektivität der genannten Prozesse und der Adaptionsmittel.

Das zuletzt genannte Element ist mit der technologischen Seite der Frage verbunden und steht hier nicht zur Debatte, weil dies die Interessensphäre von Spezialisten aus den verschiedenen Zweigen der Technik und des Ingenieurwesens ist und zu diesem Thema eine umfangreiche Spezialliteratur existiert.

Die ersten beiden Elemente können wesentlich zur Erleichterung bei ökonomischen Entscheidungen und bei der Einschätzung der Klimanutzbarkeit beitragen.

Die allgemeinen Prinzipien für die Festlegung der Funktion der Nutzbarkeit wurden von KEENEY und RAIFFA (1976) formuliert. Ohne sie ausführlicher zu betrachten, ist hervorzuheben, daß diese Funktion die Bedingungen der Unsicherheiten, die Risikobedingungen, für die wirtschaftlichen Entscheidungen überträgt. Die Investitionen für die Realisierung einer der Strategien hängt bei der bestimmten Nutzbarkeitsfunktion von der sogenannten „Risikoaversion" oder „Risikopathie", das heißt, von dem angenommenen Risikoniveau bei der bestimmten Nutzbarkeit ab.

Diese Funktion hat im Grunde Exponentialcharakter vom Typ $u(x) = -\exp(-c \cdot x)$. Der oben zitierte LAURMANN (1980) führt die Funktion der Klimaeignung in der Form an:

$$u = -\exp(-W/K \cdot W_0),$$

wo W — das Weltnettoprodukt, d. h. das Bruttoprodukt vermindert um die Jahresausgaben, die infolge der Anpassung der Wirtschaft an die Klimaänderungen getragen werden, W_0 — das Weltbruttoprodukt und K — der Risikoparameter sind. Die Ergebnisse bei den früheren Voraussetzungen und bei $K = 0,05; 0,1; 0,5$, welche den prozentualen Ausgaben für die Klimaänderungen auf Abb. 4 entsprechen, sind graphisch als Funktion der Zeit auf der Abb. 5 dargestellt. Der Fall $K = \infty$ bedeutet die zu erwartenden Ausgaben beim Fehlen eines Risikos.

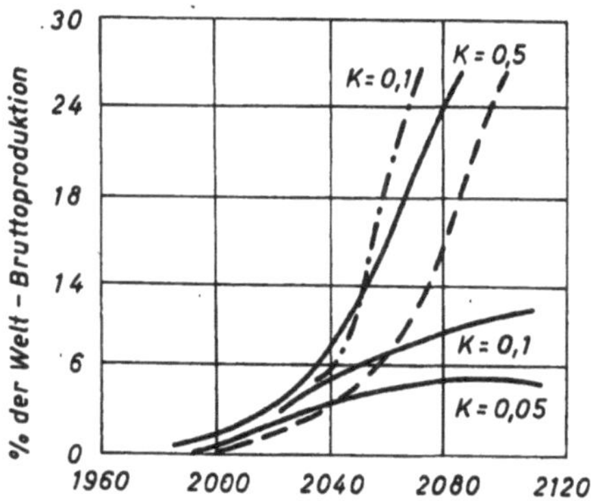

Abb. 5. Die Ausgaben für die Anpassung der Wirtschaft an den Klimaeinfluß bei verschiedenem Risikoniveau, nach LAURMANN (1980)

Beim Treffen von wirtschaftlichen Entscheidungen unter den Bedingungen von Klimaänderungen ist die Hauptfrage, welche Investitionen wir einbringen müssen, um das Risiko ungünstiger Änderungen zu vermeiden, wobei die Ausgaben für die Anpassung der Wirtschaft um so größer sein werden, je größer die Anpassung an das Risiko ist.

Einige Schlußfolgerungen

Viele Voraussetzungen weisen darauf hin, daß die aktuelle Entwicklung der Gesellschaft und der Wirtschaft im globalen Maßstab Klimaveränderungen hervorrufen wird, die sich negativ auf diese Entwicklung schon in den nächsten fünfzig Jahren auswirken können. Zu den wichtigsten Voraussetzungen gehören:

- das dreifache Bevölkerungswachstum der Erde,
- der vierfache Energiebedarf und
- der sechsfache Nahrungsmittelbedarf.

Die Art, das Ausmaß und die Zeit der Entstehung der klimatischen Veränderungen sind schwierig zu bestimmen. Es ist aber bekannt, daß sie auf die globale Energiewirtschaft und die Nahrungsgüterproduktion am stärksten einwirken. Die vorhandenen Abschätzungen zeigen, daß die Investitionen für die Adaption der Wirtschaft an die veränderlichen und die sich verändernden Klimabedingungen in Zukunft einen wesentlichen Anteil an der Weltproduktion darstellen werden. Andererseits muß man aber auch betonen, daß diese Einschätzungen noch einen hohen Unsicherheitsgrad als Folge der ungenügenden Erforschung der Ursachen und der Mechanismen der Klimaänderungen und deren Einwirkungen auf die Wirtschaft aufweisen.

Das gilt auch in erheblichem Maße für die Elementeaggregation, die z. B. bei der Einschätzung der globalen Effekte der landwirtschaftlichen Produktion infolge der vorhergesehenen Änderungstendenzen des Klimas und der ungenügenden Ausarbeitung von Adaptionstechnologien usw. angewandt wird. Somit muß man diese Abschätzungen als Zuwendung zu einem Problem betrachten, das bestimmte Aktivitäten nicht nur im nationalen und regionalen, sondern auch im globalen Maßstab erfordert.

Literatur

d'ARGE, R. C.: Climate and Economic Activity. In: Proc. World Climate Conference, WMO No. 537. Geneva 1979.

Climate Constraints and Human Activities. Ed. J. AUSUBEL, A. K. BISWAS. Pergamon Press. Oxford—New York—Toronto 1980.

Climate Impact Assessment Programm-CIAP: Economic and Social Measures of Biologic and Climatic Change. Ed. A. J. GROBECKER, US Department of Transformation. Washington 1975.

CZELNAI, R.: Climate and Society — The Great Plain of the Danube Basin. In: Climatic Constraints and Human Activities. Pergamon Press. Oxford—New York—Toronto 1980.

FEDOROV, E. K.: Climate Change and Human Strategy. In: Proc. World Climate Conference, WMO No. 537. Geneva 1979.

Interactions of Energy and Climate. Ed. W. BACH, J. PANKRATH, J. WILLIAMS. Reidel Publishing Company. London 1980.

IZRAEL, JU. A.: Climate Monitoring and Climatic Date Collection Services for Determining Climatic Change and Variations. In: Proc. World Climate Conference, WMO No. 537. Geneva 1979.

KEENEY, R. L.; RAIFFA, H.: Decision with Multiple Objektives. John Wiley. New York 1976.

KELLOG, W. W.; SCHWARC, R.: Climate Change and Society. Westview Press. Boulder, Colorado 1981.

PARRY, M. L.; CARTER, T. R.: Assessing the Impact of Climatic Change in Cold Regions. IIASA SR-84-1. Laxenburg 1984.

Entwicklung der Analyse und Vorhersage mesometeorologischer Prozesse als Weg zur Erhöhung der Leistungen der Meteorologie gegenüber der Volkswirtschaft

von J. KLUGE

1. Zum gegenwärtigen Leistungsstand des MD der DDR

a) Das gegenwärtige Leistungsniveau der Kurzfristvorhersage (definierte Vorhersagedauer 12 bis 36 Stunden) liegt über die DDR gemittelt bzgl. des Verifikationsmaßes „Reduktion der Varianz" (RV) für Standardelemente um 26% höher als jenes des Zeitraumes 1970 bis 1977. Das ist Ausdruck der kombinierten Wirkung von nationalen und internationalen Fortschritten im Bereich der Beobachtung, Theorie und Technologie. Wesentlich sind vor allem drei Faktoren. Von 1978 an wird im MD der DDR ein seitdem ständig vervollkommnetes System der numerischen Wettervorhersage, das auf dem sowjetischen Rechner BESM-6 basiert, betrieben. Seit 1979 ist die synoptische Interpretation der Daten geostationärer Satelliten wirksam (ab 1983 mit Densitronunterstützung). Vervollkommnet werden konnte die Kombination von Mensch und Maschine; bei einer Kombination sinnvoll gewichteter numerisch und synoptisch erzeugter Unterlagen kann die Fehlervarianz um bis zu 30% verringert werden.

Es ist hervorzuheben, daß sich der Einsatz neuer Verfahren, Technik etc. nicht bei jedem Wetterelement, nicht für jeden Ort, nicht sofort und durchgängig usw. als Gütefortschritt markiert, sondern nur im Mittel über alle Elemente, Orte etc. als statistischer *Trend* nachweisen läßt.

b) Die Leistungssteigerung der Mittelfristvorhersage (definierter Vorhersagebereich 3 bis 10 Tage) ist, gemessen am status quo ante, besonders augenfällig. Innerhalb von 10 Jahren gelang fast eine Verdoppelung der realen zeitlichen Vorhersagbarkeit lokaler MIN-MAX-Temperaturen. Dieser Fortschritt wird durch die Verbesserung der im Rahmen der Weltwetterüberwachung (WWW) bereitgestellten Unterlagen und ihre vervollkommnetere Interpretation im MD getragen. Die schärfstmögliche Prüfung (tageweise Detaillierung und Punktprüfung) liefert im Mittel für Potsdam folgende Vorhersagbarkeit (Stichprobe Oktober 1981 bis September 1983):

MIN/MAX-Temperaturen:	6 Tage
Niederschlagswahrscheinlichkeit:	4—5 Tage
Sonnenscheindauer:	2—3 Tage

c) Im Bereich der Langfristvorhersage (definierter Vorhersagebereich größer 10 Tage) weist die Verifikation jenseits der 10-Tagesschwelle kaum eine über Klimainformation hinausgehende Vorhersageleistung aus.

d) Für die Kürzestfristvorhersage (definierter Vorhersagebereich 0 bis 12 Stunden) wird die erste Variante zur Verifikation von Warnungen gegenwärtig erprobt. Die vom MD für diesen Bereich geforderten Leistungen bedürfen hinsichtlich der wissenschaftlichen Fundierung (Beobachtung, Theorie und Technologie) grundsätzlicher Fortschritte.

Pauschal kann man feststellen, daß die obigen Leistungen sowohl hinsichtlich des Vermögens als auch der Grenzen typisch für entwickelte meteorologische Dienste sind.

2. Zur Entwicklung gesellschaftlich anzuerkennender Bedürfnisse nach meteorologischen Vorhersagen

Die Bedürfnisse lassen sich wie folgt systematisieren:

a) Vorhersage gefährlicher Wettererscheinungen, um durch eine objektbezogene Prozeßsteuerung die Schadwirkung der Atmosphäre zu minimieren,
b) Vorhersage des Wetters und der Witterung, darunter besonderer Wettererscheinungen, um die objektbezogene Nutzung der Atmosphäre als natürliche Ressource (u. a. als Gratisfaktor) zu maximieren,
c) Erhaltung und Gestaltung der Ressource Atmosphäre im lokalen, regionalen und globalen Maßstab.

Im Prozeß der Intensivierung entstehen neue Bezüge:

— die ökonomisch entscheidende *objektbezogene* Steuerung bzw. Nutzung verlangt einen höheren Grad von räumlicher und zeitlicher Detaillierung der Aussagen bei gleichzeitig höherer Prognosengüte,
— die Ausdehnung des verwertbaren Prognosezeitraums und die Rechtzeitigkeit der Prognosen werden ökonomisch immer bedeutsamer,
— es wird zunehmend dringlicher, die drei Faktoren a) bis c) in ihrer Einheit zu sehen.

3. Stand der Bedürfnisbefriedigung

Es ergeben sich mehrere konträre Aussagen.

Meteorologische Informationen sind unentbehrlich geworden, da sie in der Gesellschaft in breitem Umfang genutzt werden.

Dennoch werden die meteorologischen Informationen, welche der MD der DDR gegenwärtig bereitstellt, noch nicht in dem Umfang ausgenutzt, wie es der Informationsgehalt (trotz der Prognosefehler) rechtfertigen würde und wie es gesellschaftlich notwendig wäre. Dieses Problem kann hier nicht weiter verfolgt werden, sehr anregend wäre es aber, die Erfahrungen der Dienste anderer Länder kennenzulernen und einen Vergleich mit dem Bereich „Absatz" in Kombinaten der materiellen Produktion anzustellen.

Andererseits kann der MD der DDR bestimmte Bedürfnisse derzeit nicht befriedigen, da die entsprechenden Voraussetzungen in Beobachtung, Theorie, Technik und Technologie in der gegenwärtigen Entwicklungsetappe nicht gegeben sind. Das betrifft die Ausdehnung des verwertbaren Prognosezeitraums und die Verbesserung der für eine objektbezogene Verwertung notwendigen räumlichen und zeitlichen Detaillierung sowie der Prognosegüte; besonders markant wird diese Leistungsgrenze bei warnpflichtigen Wettererscheinungen deutlich.

Dieser Stand der Bedürfnisbefriedigung ist Ausgangspunkt für eine Strategie zur Entwicklung der Wettervorhersage. Die Konkretisierung dieser Strategie erfordert die Beachtung meteorologischer Zwangsbedingungen (meteorologische Gesetze und Weltstand der Meteorologie) sowie der verfügbaren nationalen Ressourcen.

4. Möglichkeiten der Bedürfnisbefriedigung

Die Ausdehnung des verwertbaren Prognosezeitraums verlangt ein tiefes Eindringen in die Natur makrometeorologischer Prozesse, insbesondere in den Teilbereich der planetaren Prozesse. In diesem Sinne ist die Langfristvorhersage nach MARČUK ein Jahrhundertproblem.

Die Forderung nach einer objektbezogenen Detaillierung bei gleichzeitiger Steigerung der Eintreffwahrscheinlichkeit der Vorhersagen, auch und insbesondere für gefährliche Wettererscheinungen, bedeutet in die Physik der Atmosphäre übersetzt, daß eine bislang in der meteorologischen Praxis nur unvollkommen beherrschte Prozeßklasse in Breite und Tiefe angegangen werden muß, nämlich mesometeorologische Prozesse.

Planetare wie mesometeorologische Prozesse liegen außerhalb des bis dato erfolgreichsten Tätigkeitsfeldes der Meteorologie. Es ist also Neuland zu beschreiten.

Es gibt einen objektiven Zusammenhang zwischen Prozeßmaßstab und Vorhersagbarkeit, vereinfacht ausgedrückt, Detaillierung und Ausdehnung des verwertbaren Prognosezeitraums schließen einander in bestimmtem Grade aus — die Ausdehnung des Prognosezeitraums erfolgt um den Preis abnehmender Detaillierung. Hier gerät mancher verständliche Nutzerwunsch in Konflikt mit dem Naturgesetz. Aus dem Zusammenhang von Prozeßmaßstab und Vorhersagbarkeit ergibt sich letztlich auch die hier benutzte synonyme Verwendung von Kürzestfristvorhersagen und Vorhersage mesometeorologischer Prozesse. Vorhersagesysteme für Makro- und Mesoprozesse unterscheiden sich qualitativ, das folgt aus der unterschiedlichen Natur beider Prozesse.

Im gegebenen Zusammenhang sind drei internationale Entwicklungstendenzen der Meteorologie von besonderem Interesse:

— die enormen Fortschritte auf dem Gebiet der hydrodynamischen Methoden der mittelfristigen Vorhersage; es ist offensichtlich, daß nur wenige Großzentren zu solchen Leistungen fähig sind,
— die gegenwärtig großen Fortschritte auf dem Gebiet der Mesometeorologie, insbesondere hinsichtlich der Beobachtungstechnik und der Massendatenverarbeitung,
— die Bemühungen der Weltorganisation für Meteorologie (WMO), im Rahmen der WWW die *Arbeitsteilung* zu vertiefen.

Zu den meteorologischen Zwangsbedingungen gehört auch, daß jeder MD/HMD unabhängig von seinen eigenen Ressourcen gegenüber seinen nationalen Kunden das gesamte Vorhersagespektrum von der Kürzestfrist- bis zur Langfristvorhersage abdecken muß.

5. Welche Strategie für die Entwicklung der Wettervorhersage wählen?

Wenn man die bisherigen Aussagen zu Bedürfnissen und meteorologischen Zwangsbedingungen zusammenfaßt, gelangt man zu zwei Profillinien, die in MD/HMD ohne Großzentren wie RMC usw. verfolgt werden müssen.

I. Ausbau der verschiedenen Formen der Weiterverarbeitung von im Rahmen der WWW bereitgestellten Informationen für die Bereiche der Kurz-, Mittel- und künftig auch einmal der Langfristvorhersage.
II. Beschleunigte Entwicklung der Analyse und Vorhersage mesometeorologischer Prozesse (Kürzestfristvorhersage, 0 bis 12 Stunden einschließlich Nowcasting 0 bis 2 Stunden).

Auf die Profillinie I werde im weiteren nur insofern eingegangen, als sie die Linie II unterstützt. Es sei nur angemerkt, daß wir im MD der DDR die sogenannte statistische Interpretation für den Kurz- und Mittelfristbereich ausgebaut haben und seit 1983 GRID-Daten in großer Breite automatisch weiterverarbeiten.

Bezüglich der Profillinie II stehen wir erst am Beginn einer sicher mehrere Jahrfünfte umfassenden Entwicklung, wie es ja auch der Plan der WMO zur Entwicklung der WWW bis zum Jahre 2000 vorsieht.

6. Zur Natur mesometeorologischer Prozesse bzw. Phänomene

Einen Grobüberblick über die Natur mesometeorologischer Prozesse hinsichtlich des Mechanismus der Entstehung und Erhaltung, der charakteristischen räumlichen

Tabelle 1

	Mesometeorologische Prozesse/Phänomene		
Entstehung/Erhaltung	Charakteristische räumliche Ausdehnung		
	Meso α, 2000—200 km	Meso β, 200—20 km	Meso γ, 20—2 km
geprägt durch Makroprozesse	Fronten barokline Anfangsentwicklung Strahlströme Kaltlufttropfen Hitzetief	Regenbänder Böenlinien Inversionen nächtliche Low Level Jets	
geprägt durch Unterlage	Wirkung der Orographie Vb-Zyklone	Wirkung der Orographie, Unterlagenwirkung (bzgl. Nebel, Glatteis u. a.) Land-See-Wind	Stadteffekte, Föhn
lokale Instabilität	Polartiefs	Wolkenhaufen	Gewitter, Clear Air Turbulenz Tornadoähnliche

Ausdehnung und einiger insbesondere für Europa typischer Phänomene soll Tabelle 1 vermitteln (s. auch Bodin, 1983).

Hervorzuheben ist der große und in vielen Fällen ausschlaggebende Einfluß mesometeorologischer Prozesse auf die Entwicklung besonderer Wettererscheinungen, unter denen natürlich die gefährlichen erstrangige Bedeutung haben. Fortschritte auf dem Gebiet der Warnungen vor gefahrdrohenden Wettererscheinungen hängen entscheidend von Fortschritten der Mesometeorologie ab.

7. Ein Systemvergleich zwischen makro- und mesometeorologischen Vorhersagesystemen

Vorhersagesysteme für makrometeorologische Prozesse und mesometeorologische Prozesse unterscheiden sich qualitativ, dies illustriert Tabelle 2 (s. auch Bodin, 1983).

Tabelle 2

Systemparameter	Makro	Meso
Maßstäbe		
Vorhersagezeitraum	> 12 Std.	0—12 Std.
Prozeßmaßstab	> 2000 km	~ 2000—2 km
Einzugsbereich	global oder hemisphärisch	regional oder lokal
Beobachtungen		
Zeitliche Auflösung	3—12 Std.	< 1 Std.
Räumliche Auflösung	~ 100 km	~ 10—1 km
Datenumfang	~ 10^6 bits/Std.	~ 10^8 bits/Std.
Modelle	globale und hemisphärische Modelle, statistische Interpretation	Extrapolation des Einzelsystems, dynamische und statistische Mesomodelle
Informationsverarbeitung		
Übertragungsgeschwindigkeit	~ 1 Std.—10 min	~ 1 min—1 sec
Verbreitung/Darbietung	langsam, nichtselektiv, passiv	schnell, selektiv, passiv und aktiv
Arbeitsteilung	WMC, RMC (NMC)	NMC und subnationale (regionale) Einrichtungen

8. Zur Gestaltung mesometeorologischer Analyse- und Vorhersagesysteme

Mesometeorologische Analyse- und Vorhersagesysteme umfassen folgende Komponenten:

— Struktur mesometeorologischer Prozesse/Phänomene,
— satellitengestützte Beobachtungsverfahren,
— bodengebundene Beobachtungsverfahren,
— Extrapolationsverfahren der Kürzestfristvorhersage,
— dynamische Modelle der Kürzestfristvorhersage,
— statistische Modelle der Kürzestfristvorhersage,
— Darbietung, Nutzung und Nutzen von Kürzestfristvorhersagen,
— Systemgestaltung.

Zu diesen Problemfeldern erfolgen Anmerkungen. Dabei geht es uns nicht um Vollständigkeit, sondern um:

— praxiswirksame Systeme,
— Schwachstellen,
— Anregung einer kritischen Diskussion,
— um die Beschleunigung der Entwicklung in der MD/HMD der sozialistischen Länder.

8.1. Struktur mesometeorologischer Prozesse/Phänomene

Die Struktur mesometeorologischer Prozesse verdient in Forschung und Lehre größere Beachtung. Aufmerksamkeit sollte auch dem „europäischen Sortiment“

mesometeorologischer Phänomenen gewidmet werden. Mesometeorologische Feldexperimente und aus ihnen folgende vollständige Datensätze sind, ebenso wie Fallstudien, in unseren Ländern rar.

8.2. Satellitengestützte Beobachtungsverfahren

Satellitenbildinformationen bilden gegenwärtig zusammen mit Radardaten und synoptischen Meldungen den Grundstock mesometeorologischer Ausgangsinformationen. Nach unserer Erfahrung haben dabei zeitlich dichte Angaben *geostationärer* Satelliten besonderen Rang. Die synoptische Bildinterpretation hat allgemein einen hohen Stand erreicht. Sie wird in unserem Dienst durch eine analoge Bildverarbeitungseinheit — DENSITRON — wesentlich unterstützt (NEUMEISTER, 1984). Dennoch befriedigt die Lage nicht. Notwendig ist der Übergang von vorwiegend qualitativen Beziehungen zu quantitativen. Die unerläßliche Voraussetzung hierfür ist die digitale Signalverarbeitung. Dieser Schritt hat aus methodischer Sicht ziemlich grundsätzliche Bedeutung. Er ermöglicht einmal, die synoptische Bildauswertung durch digitale Bildverarbeitung auf ein neues Niveau zu heben. Nicht weniger bedeutungsvoll ist die Möglichkeit, die quantitativen Satellitendaten als Prediktoren in verschiedenste statistische Ansätze einzuführen und Speicher anzulegen.

Von großem Interesse ist auch die Klärung der Frage, inwieweit Satellitenstrahlungsdaten hoher Auflösung hinsichtlich der Zustandsgrößen Temperatur und Feuchte unter operativen Bedingungen verwertbare Informationen über Mesostrukturen liefern können. Dieses Problem, wie auch die digitale Satellitendatenverarbeitung, sind Gegenstand der Interkosmoszusammenarbeit. Die Zeit drängt, zielstrebige praxiswirksame Resultate anzustreben.

Hinsichtlich der digitalen Empfangs- und Verarbeitungsmöglichkeiten besteht in den sozialistischen Ländern eine sehr unterschiedliche Lage. Bei der eingesetzten Technik und z. T. auch der Software handelt es sich um individuelle Lösungen. Damit fehlt noch die Möglichkeit, beschleunigt in der Breite voranzukommen. Erforderlich ist die Ergänzung der Bildinformation um einen operativ verfügbaren Mikrowellenbereich. Die Entwicklung der Mesometeorologie verlangt die Erfassung der sogenannten Standortparameter (Oberflächenalbedo, Wärmeleitfähigkeit des Erdbodens, Rauhigkeit der Unterlage) in hoher Auflösung.

8.3. Bodengebundene Beobachtungsverfahren

Ein mesometeorologisches Beobachtungssystem wird nach der gegenwärtigen Erkenntnis aus mehreren Komponenten bestehen. Boden- und satellitengebundene Verfahren müssen sich ergänzen.

Hinsichtlich des Einsatzes automatischer meteorologischer Stationen liegen in unseren Ländern hinreichende Erfahrungen vor. Ein Schwerpunkt der weiteren Entwicklung sind bodengebundene Verfahren der Fernsondierung. Man darf ohne Übertreibung formulieren, mit der Entwicklung der Fernsondierung, bodengebundenen wie satellitengebundenen Verfahren, steht und fällt die mesometeorologische Beobachtung.

Vom traditionellen Mittel Radar darf man eine bestimmte Leistungssteigerung durch den Übergang zur digitalen Signalverarbeitung und einer darauf aufbauenden zentralen Verarbeitung, welche die dezentrale Auswertung ergänzt, erwarten. Besondere Aufmerksamkeit verdienen die praktischen Einsatzmöglichkeiten von Dopplerradar.

Überragende Bedeutung hat die Frage, welche Systeme können künftig die Radiosonde ergänzen, ersetzen oder übertreffen. BODIN (1983) lenkt die Aufmerksamkeit auf die Kombination von bodengebundenem Mikrowellenradiometer, bodengebundenem VHF-Radar und satellitengebundener indirekter Sondierung. Wie die Lösung auch sein mag, der Bedarf an zeitlich kontinuierlicher, vertikal hochaufgelöster, möglichst auch flächenbedeckender Information über hydrothermodynamische Zustandsgrößen (Temperatur, Wind, Feuchte) besonders im Bereich der planetaren Grenzschicht wächst unabweislich. Eine Beschleunigung der Entwicklung in den sozialistischen Ländern auf diesem Gebiet ist sehr wünschenswert.

8.4. Extrapolationsverfahren der Kürzestfristvorhersage

Die Vorhersage mesometeorologischer Prozesse steht auf drei Beinen, der synoptischen Extrapolation, den dynamischen Vorhersagemodellen und den statistischen Vorhersagemodellen. Am erfolgversprechendsten sind Extrapolationsverfahren im Nowcastingbereich (0 bis 2 Std.). Welche Mittel muß man dem operativen Meteorologen (Synoptiker) in die Hand geben, damit er die für die Kürzestfristvorhersage von Makroprozessen bewährte Arbeitsweise der Synopsis, die ihrem Wesen nach Kombination und Extrapolation ist, auf die Kürzestfristvorhersage von Mesoprozessen dem Prinzip nach übertragen kann? Wir versuchen, die Antwort in Form einer Tabelle stark formalisiert zu geben (Tabelle 3).

Tabelle 3

Arbeitsmittel	
Makro (Kurzfrist)	Meso (Kürzestfrist)
Kartenblatt	Bildschirm
Meldungsstapel	rechnergestütztes Datensammel- und Speichersystem
Eintragevorschrift	Softwarepaket „Darstellung"
Auswertung	Mensch-Maschine-Dialog
Kartengalerie	Animation

Näherungslösungen solcher Systeme existieren schon. Die in Tabelle 3 dargestellte Wandlung in den Mitteln resultiert daraus, daß der mesometeorologische IST-Zustand quasikontinuierlich verfolgt, in Form einer enormen Datenmenge in ein Auswertezentrum übertragen, die Daten dort extrem zeitkritisch bei Kombination verschiedener Informationsarten abgearbeitet und die Prognosen häufig aktualisiert, an sehr viele Kunden abgesetzt werden müssen. Es ergeben sich in diesem Zusammenhang vor allem technische Grundsatzprobleme, die auf der Basis der Ressourcen unseres Landes beschleunigt gelöst werden müssen:

— Lösung der Probleme der *Massendatenverarbeitung* für ein mit verteilter Intelligenz arbeitendes System,
— Entwicklung und Einsatz interaktiver graphischer Systeme.

8.5. Dynamische Modelle der Kürzestfristvorhersage

Im Rahmen der künftigen WWW-Entwicklung fällt den NMC die Aufgabe zu, echte Mesomodelle zu entwickeln, und zwar solche, die operativ betreibbar sind. Solche Modelle befinden sich aber erst im Entwicklungsstadium. Für den Bereich Meso α ist international die Modellkonzeption im groben entwickelt. Ein bemerkenswertes Resultat der letzten Jahre stellt dabei die Normalmodeninitialisierung (Herzog/Meyer 1984) dar. Ein äußerst brennendes Problem ist der Widerspruch zwischen der begrenzten Rechnerkapazität und der Notwendigkeit, die hohe räumliche Auflösung und die entsprechende Ausstattung des Modells zu erreichen und die für den Betrieb solcher Modelle notwendige Technologie technisch sicherzustellen. Besonderes Interesse verdienen künftig mesometeorologische Spezialmodelle. Sie haben den Nachteil, nur begrenzte, phänomengebundene Aussagen zu liefern, ihr entscheidender Vorteil ist die operative Realisierbarkeit. Im MD liegen in dieser Hinsicht positive Erfahrungen mit einem eindimensionalen Grenzschichtmodell nach Mix (1984) und einem zweidimensionalen Modell nach Danard zur Simulation des Einflusses der Orographie auf den Bodenwind in einem 12,5-km-Gitter vor. Beide Modelle werden zur Bestimmung des meteorologischen Inputs für das regionale operative Schadstofftransportmodell der DDR benutzt.

Die Schaffung operativ einsetzbarer Mesomodelle ist eine echte Herausforderung für die Wissenschaftlerkollektive. Auf diesem Gebiet scheint es notwendig, wie auf der Beratung zum NIR-Thema 20 in Moskau (21. bis 26. 05. 1984) vorgeschlagen, den multilateralen schöpferischen kollektiven Erfahrungsaustausch auf der Bearbeiterebene auszubauen und dafür die Form von Seminaren/Werkstattwochen zu wählen. Die gleiche Schlußfolgerung gilt für den nachfolgenden Punkt 8.6.

8.6. Statistische Modelle der Kürzestfristvorhersage

Wir vertreten die Ansicht, daß die Entwicklung statistischer Modelle selbständige Bedeutung hat, obwohl diese Richtung auf dem letzten Nowcasting-II-Symposium im Jahre 1984 noch wenig Beachtung fand. Es ist notwendig, einen genügend flexiblen, universellen statistischen Apparat zur Be- und Verwertung neuer diagnostischer und prognostischer Prediktoren zu entwickeln und zu erproben, die in mesometeorologischen Beobachtungs- und Vorhersagesystemen anfallen. Andererseits gilt es, den Besonderheiten neuer Prediktanden gerecht zu werden, nämlich, daß sie seltene und extreme Ereignisse sein können. Das Nachnutzen neuer Ideen und Ansätze, die in anderen Wissenschaftsbereichen entwickelt wurden, muß gefördert werden. Innerhalb der sozialistischen Länder sollte für statistische Modelle der Kürzestfristvorhersage eine ausreichende Kapazität eingesetzt werden.

8.7. Darbietung, Nutzung und Nutzen von Kürzestfristvorhersagen

Für die Darbietung entsteht bei der Kürzestfristvorhersage eine qualitativ neue Situation wegen der Schnelllebigkeit, räumlichen Variabilität und Art der Einwirkung auf Nutzerprozesse. Langfristig gesehen scheint der Fernsehbildschirm beim Nutzer das geeignetste Medium zu sein. Videotext ist eine Vorstufe.

Bei den gegenwärtigen Regelungen sind in unserem Lande die Möglichkeiten des Rundfunks und auch des Fernsehens noch nicht ausgeschöpft. Notwendig wäre es, bei Bedarf rascher auf den Sender zu kommen.

Einige Länder verweisen auf die Notwendigkeit und die positiven Erfahrungen einer aktiven Mitwirkung von Meteorologen bei der objektbezogenen Verwertung mesometeorologischer Informationen. In einer Reihe Veröffentlichungen wird auf die günstige Kosten-Nutzenrelation von mesometeorologischen Beratungssystemen hingewiesen (Murphy/Brown 1981, die auf 1:20 bis 1:100 berechnet wird). In unserem Dienst liegen Erfahrungen zur aktiven Mitwirkung des Meteorologen bei der Informationsverwertung und zur Nutzenschätzung fallweise vor. Es wäre außerordentlich nützlich, die Erfahrungen anderer Dienste auf diesem Gebiet und hinsichtlich der Verbreitung von Warnungen auszutauschen.

8.8. Systemgestaltung

Mesometeorologische Analyse- und Vorhersageprozeduren müssen, wenn sie praxiswirksam werden sollen, als vielkomponentige Systeme angelegt werden. Alle bisherigen praktischen Einsatzerfahrungen von mesometeorologischen Beobachtungs- und Vorhersageverfahren zeigen, daß es das durchschlagende, universelle mesometeorologische Beobachtungsmittel bzw. Vorhersageverfahren nicht gibt. Die größten Fortschritte sind dann zu erreichen, wenn Mittel und Verfahren unterschiedlicher Leistungs- bzw. Fehlercharakteristik *kombiniert* werden. Das erschwert natürlich die Systemgestaltung. Das ist auch einer der Gründe dafür, daß selbst Länder mit vergleichsweise guter Ausgangslage entsprechende komplexe Systeme erst gegen 1990 und später erwarten. Daher entsteht die Frage, wie können wir in den sozialistischen Ländern den Einstieg in die Kürzestfristvorhersage so gestalten, daß etappenweise praxiswirksame Teilsysteme entstehen? Hierzu einige Überlegungen bis etwa 1990 aus der Sicht unseres Dienstes.

a) Eine erste Möglichkeit besteht darin, daß Vorhandene besser zu nutzen. Aus dem MD der DDR seien dafür drei Beispiele angeführt. Erstens, die seit kurzem mögliche Schnelldarstellung von einzelnen Größen der synoptischen Stundenwetter (automatische Stationen eingeschlossen) in geographischer Verteilung auf einem alphanumerischen Display wird vom operativen Meteorologen sehr geschätzt. Zweitens, der Einsatz eines Densitron erlaubt eine *analoge* Bildverarbeitung als Zwischenlösung bis zur digitalen Verarbeitung. Drittens, in unserem Lande wurde begonnen, die Arbeitsteilung zwischen Zentrale (Zentrale Wetterdienststelle) und Regionalen (Ämtern) zu vertiefen.
b) Eine zweite Entwicklungsrichtung besteht in Maßnahmen zur Erweiterung des *Umfangs* an mesometeorologischen Informationen (neue automatische Stationen und Niederschlagsmesser, Erweiterung und Modernisierung des Radarnetzes, SODAR-Einsatz). Die Verwertung der neuen Informationen erfolgt zunächst auf synoptischem Wege.
c) Übergang zu digitaler Bereitstellung von Satelliten- und Radarsignalen. Dieser Phase kann und sollte sich außer der synoptischen Verwertung die statistische Bearbeitung sofort anschließen (im Sinne von Pkt. 8.6.). In einer längeren über 1990 hinausgehenden Bearbeitungsetappe ist die digitale Bildverarbeitung aufzubauen, wobei von vornherein auf die kombinierte Nutzung von Satelliten- und Radarinformationen orientiert werden muß.
d) Parallel zu c) sollte die Umstellung der gegenwärtigen Systeme der numerischen Wettervorhersage auf Meso-α-Prozesse möglichst ganz und auf Meso-β-Prozesse teilweise vollzogen werden.

Die WMO hat die Untersuchung mesometeorologischer Prozesse bzw. den Aufbau von Systemen der Kürzestfristvorhersage als eine Hauptforschungsrichtung erklärt und ist um die Einrichtung sogenannter Aktivitätszentren bemüht.

Inzwischen fanden zwei bedeutsame internationale Symposien, von der WMO unterstützt, nämlich Nowcasting I und II statt. Es scheint notwendig, innerhalb der sozialistischen Länder ein äquivalentes Forum in Form geeigneter Symposien zu schaffen.

Literatur

Bodin, S.: Very-Short-Range Forecasting-Observations, Methods and Systems. WWW Planning Report No. 38, (WMO Public. No. 621), Geneva 1983, 56 p.

Herzog, H.-J.; A. Meyer: Zur Normalmodeninitialisierung für ein Regionalmodell. Zeitschrift f. Meteorologie **34** (1984) 5, 277—292.

Mix, W.: Vertikale Profile des Windvektors und des Turbulenzkoeffizienten in einer (quasistationären) Grundschicht vom (Boden-) Inversionstyp. Zeitschrift f. Meteorologie **34** (1984) 4.

Neumeister, H.: Überwachung meteorologischer Prozesse mit dem Gerätsystem Densitron. Bild und Ton, **37** (1984) 3, S. 87—90.

Die Betreuung der Volkswirtschaftszweige und der Bevölkerung der UdSSR mit hydrometeorologischen Informationen

von Ju. S. Sedunow

In Verbindung mit der weiteren Entwicklung des ökonomischen Potentials des Landes gelangt eine immer größere Anzahl von Volkswirtschaftszweigen zu der Notwendigkeit, Informationen über die vorhandenen und besonders über die zu erwartenden Witterungsbedingungen zu erhalten.

Für eine effektive Nutzung der klimatischen, agrarklimatischen und Wasserressourcen, für eine Senkung der durch ungünstige meteorologische und hydrologische Erscheinungen bedingten Verluste in der Volkswirtschaft, für die Gewährleistung der Sicherheit von Personen bei der Durchführung von Arbeiten und bei der Bewegung mit verschiedenen Arten von Verkehrsmitteln, für den Schutz der atmosphärischen Luft und der Gewässer vor Verunreinigung und zur Schaffung einer Behaglichkeit an den Wohn- und Erholungsorten und in der Praxis der Arbeit der Staats- und gesellschaftlichen Organe, der Betriebe, der Institutionen und der Organisationen haben die verschiedenen Arten der hydrometeorologischen Informationen eine ausgedehnte Verwendung gefunden.

Die langjährigen Daten über das Klima, über den Zustand und das hydrologische Regime der Wasserobjekte, über die klimatischen, agrarklimatischen und Wasserressourcen werden bei der Perspektivplanung der Entwicklung der Volkswirtschaft, bei der Bauprojektierung, bei der Normung des Verbrauchs an Heizmaterial und anderer Verbrauchsmaterialarten, der Spezialkleidung, aber auch bei der Festlegung der Größe des zusätzlichen Arbeitslohns für Personen, die unter schwierigen klimatischen Bedingungen im Freien arbeiten, benutzt.

Bei der Erschließung neuer Regionen für die Aussaat landwirtschaftlicher Kulturen muß man die Lufttemperatur, die Niederschlagsmenge während der Vegetationsperiode, die Termine des Eintretens von Nachtfrösten und für die Winterkulturen die Lufttemperatur und Schneedeckenhöhe während des Winters kennen.

Für den Bau von Wasserkraftwerken, von Bewässerungssystemen, aber auch von Industriebetrieben, die mit einem erheblichen Wasserverbrauch verknüpft sind, muß man die Wasserressourcen der Flüsse ermitteln.

Die klimatischen Daten haben große Bedeutung bei der Erarbeitung von Standards für die Herstellung von Maschinen und Ausrüstungen, die für die Nutzung in verschiedenen Klimabedingungen bestimmt sind.

Mit der Entwicklung der Ökonomie wird die wirtschaftliche Tätigkeit immer komplizierter, und in den Produktionsprozeß werden gewaltige materielle Ressourcen einbezogen. Die Berücksichtigung des Einflusses der hydrometeorologischen Bedingungen auf die Volkswirtschaftszweige wird einer der Faktoren des Kampfes um die Effektivität der gesellschaftlichen Produktion.

Die hydrometeorologische Betreuung der Volkswirtschaft bildet ein kompliziertes vielstufiges System, welches das Subsystem der Erfassung und Verarbeitung der Informationen sowie der Übermittlung der Informationen zu den verschiedenen Zweigen der gesellschaftlichen Produktion umfaßt.

Auf dem Territorium des Landes sind über 11000 in ihrer Zweckbestimmung verschiedene hydrometeorologische Beobachtungspunkte tätig: meteorologische, hydrologische, maritim hydrometeorologische, agrarmeteorologische, Luftfahrt- und spezialisierte (Mündungs-, Wasserbilanz-, Binnensee-, Sumpf-, Schneelawinen- und Murenstrom-) Stationen und Meßstellen, Wetterradarstationen und Radiosondenaufstiegsstellen.

Bei der Ankunft in den operativ prognostischen Organen, den Hydrometeorologischen Gebietsämtern und Observatorien, den Hydrometeorologischen Zentren bei den Leitungen für Hydrometeorologie und Kontrolle der natürlichen Umwelt der Republiken und Regionen werden die Beobachtungsdaten für eine Analyse der witterungsbildenden Prozesse, für eine Einschätzung der Wachstumsbedingungen der landwirtschaftlichen Kulturen und der Durchführungsbedingungen der landwirtschaftlichen Arbeiten, des Zustandes der Wasserobjekte im Endeffekt für die Aufstellung hydrometeorologischer Prognosen und Warnungen über gefährliche hydrometeorologische Erscheinungen ausgewertet. Durch die prognostischen Organe des Goskomgidromet werden 24stündige, 2—3tägige, pentaden-, dekaden- und langfristige Prognosen des Wetters, der hydrologischen Bedingungen auf den Flüssen, Meeren und Stauseen, aber auch Meldungen über die tatsächlichen Werte der Temperatur und der Niederschläge herausgegeben. Das Material über die erwarteten und tatsächlichen hydrometeorologischen Bedingungen wird in Form von Bulletins, Übersichten, Karten und Texten zu diesen, in Form von Auskünften, Berichten über plötzliche Änderungen der hydrometeorologischen Bedingungen, in Form von Texten zum Verlesen durch die Ansager und beim Auftreten von Spezialisten im Radio und im Fernsehen verbreitet.

Für die Betreuung der Organisationen der Volkswirtschaft mit Material, welches in den staatlichen

Datenfonds über die natürliche Umwelt eingeht, wird beim Goskomgidromet ein System von Regimeauskunftsdatenbanken geschaffen, welches aus einem automatisierten Informationsauskunftssystem besteht, das im Allunionsforschungsinstitut für hydrometeorologische Information und in etwa 20 Datenbanken in Funktion ist, die in Filialforschungsinstituten geschaffen werden. Die Datenbanken werden auf der Basis einheitlicher organisatorischer und wissenschaftlicher Forschungsprinzipien aufgebaut, die es gestatten, mit maximaler Effektivität eine Betreuung der Nutzer sowohl des Goskomgidrometsystems als auch der volkswirtschaftlichen Organisationen mit Regimeauskunftsdaten zu realisieren. Ausgangsprodukte dieser Banken können Auskünfte, Monatshefte, Jahrbücher, Kopien von Datenfeldern, Ergebnisse von Berechnungen, Daten für die Prognose usw. sein.

In der Perspektive ist eine automatisierte Ausgabe von Daten auf Magnetbändern, Lochkarten, in Form graphischer Darstellungen und Tabellen an die Nutzer beabsichtigt.

Für die Versorgung des Goskomgidromet mit Daten über das laufende Wetter, mit Wetterprognosen für die ökonomischen Hauptregionen, mit Angaben über gefährliche Wettererscheinungen und über die meteorologischen Bedingungen an Flughäfen, aber auch mit bestimmten Arten klimatischen Materials wurde am Allunionsforschungsinstitut für hydrometeorologische Information eine erste Reihe des automatisierten meteorologischen Informationssystems SIGMA geschaffen. Grundlage der Informationsbasis dieses Systems sind die operativen meteorologischen Informationen, welche über die Fernmeldekanäle in Form synoptischer Meldungen über das tatsächliche und vorhergesagte Wetter ankommen, aber auch das Feld der langjährigen Klimadaten. Der Eingang in das System erfolgt über den Teilnehmerfernschreibdienst.

Die Übermittlung der hydrometeorologischen Informationen an die interessierten Organisationen erfolgt nach Plänen, welche zwischen den Organen des Goskomgidromet und den zu betreuenden Organisationen abgestimmt sind. In den Plänen sind die Informationsart, der Adressat, der Termin und das Verfahren der Übermittlung vorgesehen. Die Pläne werden ständig präzisiert.

Die Einhaltung der gegenseitigen Verpflichtungen der Partner wird durch lokale Abkommen geregelt, welche mit den zu betreuenden Organisationen auf der Grundlage von Rahmenabkommen abgeschlossen wurden, die auf der Ebene des Goskomgidromet und des entsprechenden Ministeriums bestätigt worden sind. In den Rahmenabkommen wie auch in den lokalen Abmachungen werden die Pflichten der Partner nicht nur in dem Teil der Übermittlung und rechtzeitigen Bekanntgabe der Information über den tatsächlichen und erwarteten Zustand der hydrometeorologischen Bedingungen an die interessierten Volkswirtschaftsorganisationen, sondern auch in dem Teil des Aufbaus des hydrometeorologischen Netzes auf Kosten der betreuten Organisationen und der Gewährung einzelner Arten materieller und sozialer Dienstleistungen an die Mitarbeiter der Organe des Goskomgidromet vorgesehen.

Ernsthafte Aufmerksamkeit wird durch die Organe des Goskomgidromet der Rechtzeitigkeit der Übermittlung und der Effektivität der Nutzung der Warnungen über besonders gefährliche hydrometeorologische Erscheinungen an die volkswirtschaftlichen Organisationen gewidmet. Das Verfahren der Warnungen über besonders gefährliche hydrometeorologische Erscheinungen und die entsprechenden Pflichten der Organe des Goskomgidromet bei deren Aufstellung und Übermittlung an die interessierten volkswirtschaftlichen Organisationen werden durch die „Ordnung über die Erfassung der Meldungen und die Reihenfolge der Warnungen über besonders gefährliche hydrometeorologische Erscheinungen“ geregelt. In der „Ordnung ...“ werden die Kriterien der für die Volkswirtschaft besonders gefährlichen Erscheinungen, die Reihenfolge der Aufstellung und Bekanntgabe der Warnungen und die Ankündigungen derselben, aber auch die der Durchführung von Beobachtungen der Entwicklung dieser Erscheinungen angeführt.

Einer der Hauptnutzer der hydrometeorologischen Informationen ist die Landwirtschaft. Die agrarklimatischen Bedingungen der Landwirtschaftszone des Landes sind kompliziert und nicht so sehr günstig. Über 70 Prozent des Ackerlandes liegt in der Zone ungenügender und unbeständiger Feuchtigkeit. Fast jährlich wird in einer Reihe von Regionen der Ernteertrag der landwirtschaftlichen Kulturen durch Trockenheit und Trockenwinde, in anderen Regionen durch überschüssige Feuchtigkeit, durch Beschädigung durch Nachtfröste, Hagel und andere hydrometeorologische Elementarereignisse vermindert.

Berücksichtigt man die Vielfalt der agrarklimatischen Bedingungen auf dem Territorium unseres Landes, so hat für die Perspektivplanung der Landwirtschaft, der Verteilung der Düngemittel, der landwirtschaftlichen Technik und des Saatgutes, für die Präzisierung der Pläne des Aufkaufs und der Aufbereitung der landwirtschaftlichen Produktion eine Versorgung der Ministerien, der Regional- und Gebietsleitungen der Landwirtschaft mit einer Information über die vorhandenen und erwarteten agrarmeteorologischen Bedingungen, über die Feuchteversorgung und den Zustand der landwirtschaftlichen Kulturen, über die Termine ihrer Reife und über den Zustand der Pflanzendecke der Weiden eine große Bedeutung. Eine solche Information wird auf der Grundlage von Beobachtungen der hydrometeorologischen Stationen und Meßstellen, der agrarmeteorologischen Meßstellen in den Kollektivwirtschaften und Staatsgütern, aber auch von Streckenuntersuchungen des Zustandes der Saaten und der Weiden vorbereitet.

Hauptformen der hydrometeorologischen Informationen sind: das tägliche hydrometeorologische Bulletin, die agrarmeteorologischen Besonderheiten einer Woche (Übersicht), das agrarmeteorologische Bulletin, die agrarmeteorologischen Prognosen, die Übersichten über die vorhandenen agrarmeteorologischen Bedingungen und die Prognosen der Wasserführung der Flüsse für die Dekade, den Monat, das Vierteljahr, die Vegetationsperiode und den Zeitraum zwischen den Vegetationsperioden.

Für die Gewinnung einer zuverlässigen Information über die agrarklimatischen und mikroklimatischen Ressourcen jeder Region sind für alle Republiken, Regionen und Gebiete Handbücher über die agrarklimatischen Ressourcen herausgegeben worden. Auf der Grundlage des Materials dieser Handbücher haben die Mitarbeiter der Landwirtschaft die Möglichkeit, die Wärme- und Feuchteversorgung während der Vegetationsperiode, den Charakter und die Wahrscheinlichkeit ihrer Abweichungen vom Normalwert zu bestimmen und zu ermitteln, welche landwirtschaftlichen Kulturen und deren Sorten man auf dem jeweiligen Territorium anbauen kann und welche Möglichkeiten hierbei bestehen. Die agrarmeteorologische Information und die Prognosen werden weitgehend für das Ergreifen rechtzeitiger Maßnahmen zum Schutz der Saaten gegen Hagel, Nachtfröste, Schädlinge und Krankheiten der landwirtschaftlichen Kulturen ausgewertet. Auf der Grundlage der Prognosen der Feuchtevorräte im Boden im Frühjahr werden rechtzeitig Maßnahmen zum Festhalten des Schnees, zur Bewahrung der Bodenfeuchtigkeit und zu einer rationelleren Nutzung derselben durchgeführt. Es werden in jedem Jahr die Termine der Aussaat und die Normen des Ausbringens der Saaten präzisiert und die Termine und Normen des Einbringens von Mineraldünger konkretisiert. Die Prognosen der Reifetermine der Kulturen werden für die Vorbereitung der landwirtschaftlichen Erntetechnik und für das Treffen von Maßnahmen zur Gewährleistung der Ernte in gedrängten Terminen unter komplizierten Witterungsbedingungen ausgewertet. Die Prognosen und Warnmeldungen über das mögliche Eintreten von Nachtfrösten werden von den Agronomen mit Erfolg für den Pflanzenschutz und für den Schutz der Ernte ausgewertet.

Die Daten über die agrarklimatischen Ressourcen werden bei der Regionaleinteilung der Territorien zwecks Verbesserung der Standortverteilung der landwirtschaftlichen Kulturen und des Viehs unter Berücksichtigung ihrer Sorten — und natürlichen Besonderheiten — ausgewertet. Die vorhandenen und erwarteten agrarmeteorologischen Bedingungen werden bei der Präzisierung der Pläne für die Durchführung aller grundlegenden landwirtschaftlichen Arbeiten berücksichtigt. In der landwirtschaftlichen Produktion werden die Prognosen des Zustands der Getreidekulturen, die Information über den Zustand der Saaten und die Bodenfeuchtigkeit, die Empfehlungen über die Aussaat- und Erntetermine, über das Einbringen des Düngers und des Kopfdüngers, über den Kampf gegen das Unkraut, gegen die Schädlinge und Krankheiten, die Wettervorhersagen für 2 bis 3 Tage, die Warnungen über gefährliche und besonders gefährliche Wettererscheinungen berücksichtigt.

Ein großer Zyklus von Arbeiten wurde in der UdSSR zur Erarbeitung von Empfehlungen für die agrarmeteorologische Begründung der verschiedenen agrartechnischen Verfahren des Anbaus der landwirtschaftlichen Kulturen für eine Reihe von Regionen des Landes durchgeführt. Erarbeitet und an die landwirtschaftliche Produktion übergeben wurden methodische Empfehlungen zur Berücksichtigung der agrarmeteorologischen Bedingungen bei der Wahl der optimalen Aussaattermine der Getreidekulturen, der Kartoffeln und der Baumwolle, bei der Verteilung des Stickstoffdüngers unter die Getreidekulturen, bei der Bearbeitung des Bodens, Empfehlungen zur Nachsaat und erneuten Aussaat bei beschädigten und schwach entwickelten Winterweizensaaten, zur Bestimmung des Volumens der chemischen Bearbeitungen der Saaten, der Struktur der Saatflächen, des Bewässerungsregimes, zur Vorhersage des Lagerns der Saaten und zur Abschätzung der ökonomischen Effektivität der Nutzung der agrarmeteorologischen Information in der Landwirtschaft. Entwickelt wurden Methoden der Abschätzung und Vorhersage des Einflusses der agrarmeteorologischen Bedingungen auf die Entwicklung der Kartoffelschädlinge — des Kartoffelkäfers — und der Krankheiten dieser Kultur in der Nichtschwarzerdezone.

Die Einführung dieser Methodiken in der Praxis der Landwirtschaft gestattet es im wesentlichen, von der Nutzung der hydrometeorologischen Informationen als Beratungsmaterial zur Nutzung dieser Informationen als quantitative Parameter bei der Wahl der optimalen Varianten der Steuerung der landwirtschaftlichen Produktionsprozesse überzugehen. Alljährlich(Februar bis März) werden Prognosen der Dosierungen der Stickstoffdüngemittel für die Getreidekulturen aufgestellt und für die Nutzung in der Praxis der agrochemischen Betreuung der Landwirtschaft über die produktionswissenschaftliche Allunionsvereinigung „Sjelchoschimija" und das Zentralinstitut für agrochemische Betreuung der Landwirtschaft übermittelt.

Die Prognosen der Wasserführung der Flüsse haben große Bedeutung für den Bewässerungsackerbau. Auf ihrer Grundlage wird das Regime der Wassernutzung festgelegt, wird die Wasserversorgung der Bewässerungssysteme bestimmt und werden bei Bedarf Maßnahmen für das Suchen zusätzlicher Bewässerungsquellen getroffen.

Besonders große Bedeutung haben diese Prognosen in Mittelasien. So erfolgt auf der Grundlage der Prognosen des Wasserzuflusses zu den Stauseen aus dem Syr-Darja und Naryn für die Vegetationsperiode die Wasseraufteilung zwischen der Kasachischen SSR, der Usbekischen SSR und der Kirgisischen SSR und auf der Grundlage der Prognosen der Wasserführung des Amu-Darja die Wasseraufteilung zwischen der Usbekischen SSR und der Turkmenischen SSR.

Ein anderer wichtiger Nutzer der hydrometeorologischen Informationen ist das Energiewesen. Die Nutzung der hydrometeorologischen Informationen durch die Energiebetriebe erfolgt zwecks Regelung der Erzeugung und Verteilung der Elektro- und Wärmeenergie sowie zur Gewährleistung einer stetigen Energieabgabe an die Verbraucher. Die zentrale Dispatcherleitung des einheitlichen Energiesystems der UdSSR und die vereinigten Dispatcherleitungen der Energiesysteme berücksichtigen: die Prognose der für die Energiesysteme mittleren Lufttemperatur für die nächsten 24 und 48 Stunden; die Angaben über die mittlere Lufttemperatur für die Energiesysteme während der vergangenen 24 Stunden; die Warnungen über plötzliche (über 5 °C) Änderungen des Tagesmittels der Lufttemperatur; die Prognosen der Wasserführung der Flüsse und des Wasserzuflusses zu den Stauseen für verschiedene Zeiträume und die Angaben über das Monatsmittel der Lufttemperatur für die Energiesysteme.

Der Verbrauch und die Erzeugung der verschiedenen Energiearten (Wärmeenergie, Elektroenergie) befinden sich in enger Abhängigkeit von den meteorologischen Bedingungen, besonders vom Tagesmittel der Lufttemperatur und von der natürlichen Beleuchtung. Eine Änderung des Tagesmittels der Lufttemperatur um 1 °C im europäischen Gebiet der UdSSR im Winter verursacht eine Änderung des 24stündigen Elektroenergieverbrauchs fast um 20 Millionen kWh. Bei einer Änderung der Bewölkung von gering bis kompakt (oder umgekehrt) erhöht sich (oder vermindert sich) der Elektroenergieverbrauch im Zentrum des europäischen Gebiets unseres Landes zum Beispiel im Dezember um 5%.

Für die Berücksichtigung der meteorologischen Informationen bei der Vorhersage des Elektroenergieverbrauchs mit Hilfe eines Computers wurde in der zentralen Dispatcherleitung des einheitlichen Energiesystems der UdSSR ein Komplex von Programmen entwickelt. Seine Anwendung gestattet es unter Berücksichtigung des tatsächlichen Elektroenergieverbrauchs, der Temperatur und der Bewölkung, die mittleren Belastungs- und Energieverbrauchskurven für die verschiedenen Tage der Woche vorherzusagen.

Eine nicht geringere Bedeutung hat die Auswertung von Angaben über die erwartete Temperatur bei der Regelung der Wärmeerzeugung in den städtischen zentralen Heizsystemen. Zum Beispiel muß man bei einer Lufttemperatur von 0 °C das Wasser in den Wärmeleitungen einer Großstadt bis 76 °C erwärmen. Um die Wassertemperatur um 1 °C zu erhöhen, verbrennen die Stationen des zentralen Heizsystems einer Großstadt im Mittel pro Stunde 30 t Einheitsbrennstoff. Deshalb gestattet die Berücksichtigung des erwarteten Tagesmittels der Lufttemperatur bei der Planung des Arbeitsregimes der Heizsysteme einen optimalen Brennstoffverbrauch.

Auf der Grundlage der Prognosen des Wasserzuflusses in die Stauseen wird die Betriebsart eines Wasserkraftwerks festgelegt. Die Prognosen werden für das Ergreifen von Maßnahmen für den Durchfluß des Hochwassers durch die hydrotechnischen Komplexe genutzt, und sie gestatten es, richtiger die Belastung zwischen den Wärme- und Wasserkraftwerken zu verteilen.

Die Luftfahrt ist das sich am intensivsten entwickelnde Verkehrsmittel. Die Ausdehnung ihrer Anwendungssphäre und das Anwachsen der Anzahl der Flüge und des Umfangs der Transporte bedürfen einer operativen meteorologischen Betreuung von hoher Qualität.

Zwecks Erhöhung der Qualität der meteorologischen Betreuung der Flüge werden im Goskomgidromet und im Ministerium für Zivilluftfahrt Arbeiten in zwei Richtungen durchgeführt: Übergang auf Flüge mit erniedrigtem Minimum unter Berücksichtigung der ICAO-Kategorien und Schaffung eines einheitlichen Systems der Steuerung des Luftverkehrs in unserem Land, welches automatisierte Subsysteme der Versorgung mit meteorologischen Daten benutzt.

In den Anforderungen an die meteorologische Betreuung der Flüge nach der 2. Kategorie der ICAO (Wolkenhöhe/vertikale Sichtweite 30 m, horizontale Sichtweite 400 m) muß die meteorologische Information in jeder Minute ausgegeben werden. Diese Anforderungen kann ein automatisiertes System der Erfassung, Verarbeitung und Übermittlung der Information erfüllen. Zur Zeit werden solche Aufgaben durch modernisierte, komplexe, radiotechnische, automatische meteorologische Stationen (KRAMS) gelöst, im weiteren Verlauf werden sie durch ein meteorologisches Meß- und Informationsflugplatzsystem (AMIIS) gelöst werden.

Im Rahmen der Schaffung eines meteorologischen Subsystems des regionalen, automatisierten Systems der Steuerung des Luftverkehrs werden Arbeiten zur automatisierten Aufnahme und Verarbeitung von Wetterradardaten und zur Informationsausgabe auf Indikatoren in Farbdarstellung durchgeführt.

Eine immer breitere Anwendung findet das System der automatisierten Navigationsberechnungen, das vor 10 Jahren unter Beteiligung von Spezialisten des Hydrometzentrums der UdSSR entwickelt worden war. Zur Zeit führt das Hauptrechenzentrum des Ministeriums für Zivilluftfahrt auf der Basis von Daten des Hydrometzentrums der UdSSR Berechnungen für mehr als 750 Strecken durch.

In die Praxis der meteorologischen Betreuung fanden empfohlene Routen bei der Durchführung von Weitstreckenflügen Eingang, was eine wesentliche Treibstoffeinsparung bringt.

Die schnelle Entwicklung des bodengebundenen Verkehrs in unserem Land, der Bau neuer und die Rekonstruktion der vorhandenen Straßen und Eisenbahnstrecken, die Vergrößerung des Kraftfahrzeugparks und die Schaffung großer Transportorganisationen erhöht beträchtlich die Anforderungen an die hydrometeorologische Betreuung sowohl der Nutzung der Verkehrswege und Ausrüstungen als auch der Steuerung des Verkehrs und seiner Sicherheit. Auf den Stand der Arbeiten und die Arbeit des Verkehrswesens haben Schneestürme und Schneefälle, Glatteis, starke Schauer, das Niedergehen von Schneelawinen, Hochwasser und Murenströme einen ernst zu nehmenden Einfluß.

Für eine Verbesserung der hydrometeorologischen Betreuung des Kraftfahrzeugtransports realisieren gemäß einer gemeinsamen Direktive des Ministeriums für Innere Angelegenheiten der UdSSR, des Staatlichen Komitees für Rundfunk und Fernsehen des Ministerrats der UdSSR und des Ministeriums für Straßenwesen der RSFSR und der zentralen Leitung des Hydrometeorologischen Dienstes die prognostischen Organe der Regionalleitungen des Hydrometeorologischen Dienstes eine regelmäßige Rundfunkübertragung der auf den Autostraßen der Republiken, Regionen und Gebiete beobachteten und erwarteten meteorologischen Bedingungen. Spezialisierte Übersichten und Wettervorhersagen „für die, welche unterwegs sind," werden in den meisten Republiken, Regionen und Gebieten 3—5 mal täglich im Rundfunk gesendet.

Für die Gewährleistung der Sicherheit und Stabilität des Zugverkehrs, für eine Effektivität bei der Nutzung des rollenden Materials sowie der Hilfseinrichtungen und Mechanismen realisieren die Beobachtungs- und operativen Prognoseorgane des Goskomgidromet neben Kurzfrist-, Mittelfrist- und Langfristprognosen eine Übermittlung von Warnungen vor Schneestürmen, Glatteis, Gewitter, gefährlichem Wasseranstieg und gefährlichen Eisbedingungen in den Flüssen, vor möglichen Niedergängen von Murenströmen und Lawinen an die Dienste für Straßenwesen, Elektrifizierung, Verkehr, Signalwesen, Post u. a. Die Nutzung dieser Information gestattet es, rechtzeitig prophylaktische Maßnahmen zu realisieren, welche Unterbrechungen im Zugverkehr ausschließen.

Die hydrometeorologische Betreuung der maritimen Volkswirtschaftszweige erfolgt nach der Ordnung und in dem Umfang an hydrometeorologischer Information, wie sie mit den maritimen Nutzern abgestimmt sind. Die maritimen operativ-prognostischen Organe verfassen und übermitteln die hydrometeorologischen Prognosen und Warnungen vor gefährlichen Erscheinungen an die zu betreuenden Zonen, in welche alle Ozeane, Binnen- und Randmeere der UdSSR aufgeteilt sind.

Die Betreuung der maritimen Nutzer erfolgt nach den von der WMO angenommenen Grundsätzen und Verfahren. Außer der Ausgabe von hydrometeorologischer Zirkularinformation, von Übersichten und Prognosen für die Wasserflächen der Ozeane und Meere für allgemeine Nutzung in Form von Faksimilekarten und maritimmeteorologischen Bulletins erlangt die spezialisierte Betreuung der einzelnen Arten der Produktionstätigkeit der verschiedenen maritimen Nutzer wie der Fischer, der Erdölarbeiter, der Geologen u. a. eine wachsende Bedeutung. Zur Zeit werden auf diese Weise betreut: die Arbeit der Handels- und Fischereihäfen, die Eisschiffahrt, der Betrieb der Fährschiffe, die Tragflächenschiffahrt, die Be- und Entladearbeiten am Eisrand, die Arbeiten zur Erkundung und Gewinnung von Erdöl auf dem Kontinentalschelf, die Arbeit der stationären und schwimmenden Plattformen und die Küstenfischerei. Für die Betreuung der Fischereiexpeditionen und der Bugsierungen von Wasserfahrzeugen beschränkter Seetüchtigkeit entsenden nach Aufträgen der maritimen Nutzer die Organisationen des Goskomgidromet auf die Leitschiffe, in die Fangregionen oder auf die Bugsierschiffe spezielle Gruppen von Experten, welche die hydrometeorologischen Informationen für die Fangregion oder für die Bugsierregion der Wasserfahrzeuge empfangen und analysieren und Sturmwarnungen, Wetterprognosen und Prognosen des Meereszustandes aufstellen und direkt dem Leiter der Fangexpedition oder dem Kapitän des Bugsierschiffes übermitteln. Von den Schiffsführern werden weitgehend die Empfehlungen über die Sicherheit der am besten geeigneten Schifffahrtsrouten in den Ozeanen und Meeren in Abhängigkeit von den Witterungsbedingungen genutzt, welche von den Spezialisten des Hydrometzentrums der UdSSR, der Hydrometzentren der Regionalleitungen und der Wetterschiffe verfaßt worden sind.

Eine große Bedeutung bei der hydrometeorologischen Betreuung der maritimen Wirtschaftszweige gebührt der rechtzeitigen Versorgung der Schiffsführer, der Wirtschaftsorganisationen und der Bevölkerung der Küstenregionen mit Sturmwarnungen über gefährliche und besonders gefährliche hydrometeorologische Erscheinungen, darunter über Tsunami, tropische Taifune, Sturmfluten an den Küsten.

Für die Betreuung der verschiedenen Arten der maritimen Tätigkeit werden durch die Organisationen des Goskomgidromet hydrometeorologische Prognosen verschiedener Zeitdauer herausgegeben: Langfristprognosen, Mittelfristprognosen und Kurzfristprognosen (bis zu 6 Stunden) für die verschiedenen Regionen der Ozeane und Meere und für die Mündungsgebiete der Flüsse.

Unter den gegenwärtigen Bedingungen ist es nicht möglich, eine Bauindustrie ohne Information über die vorhandenen und erwarteten Witterungsbedingungen zu leiten.

Der gesamte Bauablauf, die Zufuhr des Materials und der Konstruktionen, die Arbeiten der Kräne, die Montagearbeiten, die Verteilung der Arbeitskräfte und der Technik, die Festlegung der Reihenfolge der Arbeiten und die Rechtzeitigkeit ihrer Unterbrechung — all dieses ist direkt mit den Witterungsbedingungen — Lufttemperatur, Windgeschwindigkeit und Niederschlägen — verknüpft. Die Erfahrung der großen Bauorganisationen zeigt, daß eine richtige Nutzung der Prognosen des Windes, der Temperatur, der Niederschläge und anderer Erscheinungen es gestattet, effektiver die Arbeit der Technik zu planen, ihre Stillstandszeiten zu vermindern, die Beschädigung von Baumaterial zu reduzieren und, was die Hauptsache ist, die Sicherheit für die auf dem Bau arbeitenden Personen zu gewährleisten. Es ist deshalb nicht zufällig, daß praktisch alle Bauorganisationen des Landes: Trusts; Vereinigungen, Hauptleitungen, Leitungen und einzelne Objekte des Bauwesens von einer spezialisierten meteorologischen Betreuung erfaßt sind.

Die Planschemata der hydrometeorologischen Betreuung der Bauorganisationen werden zum Unterschied zu anderen Volkswirtschaftszweigen in der Regel gesondert für jede Organisation unter Angabe der Kriterien der Wetterelemente und Wettererscheinungen aufgestellt, bei denen die Bauarbeiten eingeschränkt werden.

Besondere Bedeutung für die Bauorganisationen stellt die Information über eine Kombination mehrerer Witterungselemente dar, welche die Arbeitsprozesse des Bauwesens erschweren. So wird zum Beispiel bei der Durchführung von Bauarbeiten die Kombination einer beständigen Windgeschwindigkeit ≥ 8 m/s und negativer Lufttemperaturen berücksichtigt, bei welcher die Koeffizienten zum Arbeitslohn der im Freien tätigen Arbeiter festgelegt werden.

Darüber hinaus werden auf der Grundlage der meteorologischen Daten die sogenannten „aktivierten Tage“ festgelegt, wo im Ergebnis eines kombinierten Einflusses niedriger Temperaturen und des Windes die Arbeitsprozesse unterbrochen werden und die Zeit als Arbeitszeit aktenkundig formuliert wird oder die Arbeiter auf andere Arbeiten umgesetzt werden. Die Vorhersage eines solchen Umstandes realisieren die operativen Organe des Goskomgidromet. Mit anderen Worten: Wenn die Mehrzahl der Volkswirtschaftszweige einfach Angaben über die Lufttemperatur oder über die Windparameter benötigt, so ist für die Bauorganisationen in der Regel eine Information über die Kombination dieser Elemente von Interesse. Die Kriterien für die Bauorganisationen unterscheiden sich wesentlich von den Kriterien für die anderen Wirtschaftszweige.

Die hydrometeorologische Betreuung der Bauprojektierung erfolgt durch Übermittlung von Handbuchmaterial und Methoden zur Berechnung der für die Bauprojektierung notwendigen hydrometeorologischen Charakteristiken an den Nutzer.

Der Einfluß der hydrometeorologischen Faktoren auf das Bauwesen ist sehr groß. Deshalb ist eine wichtige Aufgabe die Erarbeitung von Methoden der effektiven Nutzung der klimatischen und hydrologischen Daten, um einerseits eine ungerechtfertigte Kostenüberhöhung der Bauobjekte und andererseits eine ungenügende Festigkeit dieser Objekte nicht zuzulassen.

Durch die Institute des Goskomgidromet wurde eine Reihe technischer Hinweise für die Berechnungen der hydrologischen und klimatologischen Parameter bei der Bauprojektierung verfaßt, die durch das Staatliche Komitee für Bauwesen der UdSSR als gesamtstaatliche Normativdokumente bestätigt worden sind.

Als Baubestimmungen und Regeln wurden durch das Geophysikalische Hauptobservatorium gemeinsam mit dem Wissenschaftlichen Forschungsinstitut für Bauphysik die Normative „Bauklimatologie und Geophysik", „Rechnerische Windgeschwindigkeiten für das Gebiet der UdSSR" und „Belastungen und Einwirkungen" vorbereitet.

Durch das Geophysikalische Hochgebirgsinstitut und durch das Mittelasiatische Forschungsinstitut wurden die „Hinweise zur Berücksichtigung der Lawinengefahr und zur Berechnung der Schneelawinenbelastung bei der Projektierung von Bauwerken" vorbereitet, welche durch das Ministerium für Verkehrswesen, durch das Eisenbahnministerium und durch das Ministerium für Straßenwesen der UdSSR als Interinstitutionelles Normativdokument bestätigt worden sind.

Für die Versorgung der Projektierung und des Bauwesens in der Küstenzone der Meere und der Flußmündungen mit hydrometeorologischen Daten wurden durch das Staatliche Ozeanographische Institut (gemeinsam mit dem Institut EPNIIS des Staatlichen Komitees für Bauwesen beim Ministerrat der UdSSR) die „Anleitung für hydrologische Untersuchungen bei Ingenieurerkundungen" und die „Anleitung für Berechnungen der maritimen hydrometeorologischen Parameter bei der Bauprojektierung" vorbereitet und herausgegeben.

Durch das Staatliche Hydrologische Institut wurde das Normativdokument „Bestimmung der rechnerischen hydrologischen Charakteristiken" erarbeitet und in Kraft gesetzt. Im Jahre 1983 ist die „Anleitung für hydrologische Berechnungen bei der Projektierung von Stauseen" erschienen, und es wurden die „Methodischen Hinweise für Berechnungen des Trocknungs- und Bewässerungsregimes in der Nichtschwarzerdezone" sowie eine Reihe anderer Dokumente vorbereitet. Außerdem werden die wissenschaftlichen Errungenschaften auf dem Gebiet der Hydrometeorologie den Nutzern durch periodische Veröffentlichung in thematischen Sammelbänden der Arbeiten der Wissenschaftlichen Forschungsinstitute, aber auch durch Herausgabe wissenschaftlicher Monographien, von Handbüchern, Katalogen u. a. übermittelt.

Bei der Lösung großer volkswirtschaftlicher Aufgaben ist teilweise die Durchführung spezieller hydrometeorologischer Untersuchungen zwecks Begründung verschiedener Projekte erforderlich. Diese Aufgaben werden durch Organisation und Durchführung komplexer (theoretischer, experimenteller und Expeditions-)Arbeiten entweder auf Kosten zentralisierter Haushaltsmittel oder auf Vertragsbasis mit den interessierten Nutzern gelöst. Als Beispiel einer solchen Art von Arbeiten, die in den letzten Jahren für verschiedene Nutzer durchgeführt worden sind, muß man nennen:

— die Untersuchung des Wasserhaushalts von Sümpfen und die hydrologische Begründung der Umbauung von Erdöl- und Erdgasvorkommen Westsibiriens;
— die Erarbeitung optimaler Normen und Bewässerungsregime auf den meliorierten Ländereien des Wolgagebietes, Mittelasiens und Kasachstans;
— die Untersuchung der Wasserressourcen und der Klimaparameter sowie der Wasserprojekte der Zone der Baikal-Amur-Magistrale;
— die hydrometeorologische Begründung der Projekte einer Umleitung eines Teils des Abflusses der europäischen Flüsse in die Wolga und der sibirischen Flüsse nach Kasachstan und Mittelasien.

Die Kommunalwirtschaft einer modernen Stadt ist eine komplizierte Wirtschaft mit einem entwickelten Netz der Wasserversorgung, der Wärmeversorgung, des Verkehrswesens, mit Industriebetrieben, Schulen und Krankenhäusern sowie Erholungszonen für die Bevölkerung, deren normale Arbeit in vielem von den hydrometeorologischen Bedingungen abhängt. Eine wesentliche Bedeutung haben hierfür Warnmeldungen über hohe Wasserführung und niedrigen Wasserstand der Flüsse, über die Intensität und Andauer von Niederschlägen, über plötzliche Änderungen der Lufttemperatur sowie 24stündige und 72stündige Prognosen für die allgemeine Nutzung. Bei Hochwasserständen sind Überschwemmungen von Stadtgebieten möglich. Eine niedrige Wasserführung schafft Erschwerungen bei der Wasserversorgung.

Bei Unkenntnis der Intensität und der zu erwartenden Andauer des Schneefalls können die städtischen Leitungen für Bauwesen nicht die optimale Menge der Technik und der Leute, welche für die Beseitigung des Schnees notwendig ist, festlegen. Die Kosten für die Schneebeseitigungsarbeiten sind beträchtlich. Wenn zum Beispiel die Fläche der Straßen, von denen der Schnee beseitigt werden muß, 15 Mio. m^2 beträgt, dann beträgt bei einer Schneefallhöhe von 4 mm das Volumen 60000 m^3. Für den Abtransport einer solchen Schneemenge sind mindestens 500 Kippfahrzeuge notwendig. Bei einem Absinken der Lufttemperatur um 1 °C erhöht sich der Gasverbrauch in einer Stadt ungefähr um 1 % seines mittleren Tagesverbrauchs.

Wenn man zu dem Gesagten hinzufügt, daß an Sonn- und Feiertagen bei gutem Wetter die Belastung für den städtischen Personenverkehr auf das 8—10fache anwächst, dann wird der Bedarf der Kommunalwirtschaft einer Stadt an hydrometeorologischer Informationen offensichtlich.

Eine solche Information wird in Form von 24stündigen Prognosen, Warnungen vor gefährlichen hydrometeorologischen Erscheinungen durch die Organe des Goskomgidromet an die Stadtwirtschaften nach gegenseitig abgestimmten Plänen übermittelt und von diesen Organen bei der Arbeitsplanung der Stadtwirtschaften sowie bei der Durchführung organisatorischer und prophylaktischer Maßnahmen ausgewertet.

Im System der Wechselwirkung des Menschen und der natürlichen Umwelt haben die hydrometeorologischen Informationen nicht nur eine ökonomische, sondern auch eine große soziale Bedeutung. Das in unserem Lande geschaffene System der Übermittlung der hydrometeorologischen Informationen für die Bevölkerung hilft, den Krankenstand der Menschen bei plötzlichen Wetterverschlechterungen zu senken und die Touristen und Erholungssuchenden in den Gebirgsregionen vor der Gefahr des Niedergehens von Schneelawinen und Murenströmen zu warnen.

Im Verlauf eines Tages werden einige Male über Radio und Fernsehen Informationen über das laufende Wetter sowie Prognosen für die nächsten Tage übertragen. Die Wetterprognosen werden in den zentralen-, Republiks-, Regional- und Gebietszeitungen veröffentlicht. Außerdem können die Bewohner in den Großstädten eine Wetterinformation mit Hilfe automatischer Anrufbeantworter, aber auch mit Hilfe von „Lichtzeitungen" erhalten.

In der letzten Zeit hat eine Nutzung der meteorologischen Informationen durch die Organe des Gesundheitswesens für eine komplexe Meteoprophylaxe der Bevölkerung begonnen. Zum Beispiel auf der Grundlage der Wetterprognosen, die durch das Hydrometzentrum der UdSSR aufgestellt werden, stellen das Zentrale Forschungsinstitut für Kurortologie und Physiotherapie sowie andere Institutionen des Ministeriums für Gesundheitswesen der UdSSR medizinische Prognosen auf, damit die Patienten, deren Gesundheitszustand von Wetterumschlägen abhängig ist, sich auf einen solchen Wetterumschlag vorbereiten können und für sich ein schonendes Regime festlegen können. In Moskau werden solche medizinischen Prognosen in der Zeitung „Wetschernaja Moskwa" veröffentlicht.

Man kann in diesem Beitrag nicht die gesamte Vielfalt der hydrometeorologischen Betreuung der vielen Zweige der Wirtschaft unseres Landes beleuchten. Die Wirksamkeit dieser Betreuung ist in vielem abhängig von der Kenntnis der Besonderheiten des Einflusses der hydrometeorologischen Bedingungen auf die Produktionstechnologie bei den Prognosespezialisten und von der Fähigkeit, dem Nutzer die notwendige und nützliche Information zu übermitteln und diese in einer für die praktische Nutzung geeigneten Form darzustellen. Für diesen Zweck untersuchen die Mitarbeiter der operativ tätigen Organe des Goskomgidromet in direktem Kontakt mit den Nutzern die Besonderheiten des Einflusses der hydrometeorologischen Bedingungen auf die Produktionszweige, sie verfassen und präzisieren ständig die technischen Bedienungsvorschriften, und sie bewerten die Wirksamkeit der hydrometeorologischen Betreuung. Alle diese Maßnahmen fördern eine ständige Erhöhung des ökonomischen Effekts, der durch die Nutzung der hydrometeorologischen Informationen in der Volkswirtschaft entsteht.

Aufgaben der Meteorologie für die Bereitstellung und Einflußnahme auf die Nutzung und Anwendung meteorologischer Informationen in der Volkswirtschaft

von K. RICHTER

Wetter und Klima sind ein wichtiger Bestandteil der Umwelt der menschlichen Gesellschaft. Sie beeinflussen in einer mehr oder weniger stark ausgeprägten Form den gesamtgesellschaftlichen Reproduktionsprozeß. Es ist daher nicht verwunderlich, daß bereits in der Vergangenheit einfache Erfahrungswerte der Menschen über das Wetter und Klima bei der Ausübung ihrer Tätigkeit berücksichtigt wurden. Mit der Herausbildung der Meteorologie als Wissenschaft und der ständigen Zunahme der von den Meteorologischen Diensten bereitgestellten Informationen wuchs auch für die verschiedenen Bereiche der Volkswirtschaft die Möglichkeit der Berücksichtigung dieser Informationen sowohl für die Minimierung bzw. gänzliche Verhinderung von Verlusten und Schäden als auch zur Verbesserung der Rentabilität. Daher war es ein natürlicher Entwicklungsprozeß, daß in den letzten Jahren die Berücksichtigung meteorologischer Beratungen bzw. meteorologischer Unterlagen in den verschiedenen Bereichen der Volkswirtschaft zugenommen hat. Auf folgenden Gebieten finden die unterschiedlichen Aussagen der Meteorologie ihre Anwendung:

— Eine Reihe von prognostischen Aussagen in der volkswirtschaftlichen Planung erfordert die Berücksichtigung von klimatologischen Unterlagen.
— Die Großproduktion sowohl in der Industrie, insbesondere aber in der Landwirtschaft, zwingt den Anwender bei der Planung bzw. Projektierung solcher Anlagen, klimatologische Unterlagen zu berücksichtigen.
— Darüber hinaus sind meteorologische Informationen sowohl für mittelfristige Planungen als auch für aktuelle Entscheidungen unerläßlich. Spontane Festlegungen zur Produktion sind z. B. bei der industriemäßigen Produktion in der Landwirtschaft nicht mehr möglich bzw. würden zu hohen Schäden und Verlusten führen.
— In vielen Bereichen der Volkswirtschaft wirken bestimmte meteorologische Parameter als Störgrößen. Diese Einflüsse können besser berücksichtigt werden, wenn neben ihrer aktuellen Vorhersage auch eine möglichst exakte Aussage über die Wahrscheinlichkeit ihres Auftretens gemacht werden kann. Die Berücksichtigung dieser meteorologischen Störgrößen spielt auch bei der Abrechnung von Arbeitsprozessen eine wichtige Rolle.
— In zunehmendem Maße gehen meteorologische Parameter in die unterschiedlichsten Modelle bei den Anwendern ein.

Wenn man diese kurze, aber auf keinen Fall vollständige Aufzählung betrachtet, kann man feststellen, daß *eine* Entwicklung recht deutlich wird: Eine optimale Anwendung von meteorologischen Informationen in den unterschiedlichen Bereichen der Volkswirtschaft läßt keine Trennung zwischen rt- und nrt-Beratung, also zwischen Vorhersagen und klimatologischen Beratungen, zu. Nur wenn die eine Information die andere ergänzt, bzw. beide, also rt- und nrt-Beratungen in komplexer Weise dem Anwender zur Verfügung stehen und von diesem auch genutzt werden, ist eine hohe Effektivität durch die Anwendung und Berücksichtigung der meteorologischen Beratung zu erwarten.

Aber auch eine weitere Feststellung soll hier noch einmal in den Vordergrund gestellt werden. So unterschiedlich auch die Wünsche und Anforderungen nach meteorologischen Informationen aus den verschiedenen Bereichen der Volkswirtschaft sind, so lassen sich doch die Grundanforderungen und eine Reihe von Einzelproblemen als sehr ähnlich klassifizieren. Das ist eine sehr wichtige Erkenntnis, weil dadurch für viele Anforderungen der verschiedenen Bereiche der Volkswirtschaft meteorologische Informationen in einer gewissen standardisierten Form mulivalent nutzbar aufbereitet zur Verfügung gestellt werden können. Bei diesen Überlegungen darf jedoch diese Generalisierung nicht so weit gehen, daß die meteorologischen Informationen für einen Teil der Anwender als nicht mehr nutzerfreundlich eingestuft werden müssen.

Ein wichtiger oder vielleicht auch der kritischste Punkt für den Wert der Anwendung der meteorologischen Informationen, also für den späteren Nutzen, den die Berücksichtigung dieser Beratung beim Anwender erbringt, ist dort, wo die meteorologische Information in den Bereich der Anwender übergeht. In fast allen Fällen ist bei den Anwendern kein Meteorologe tätig. Hier muß der Dialog zwischen Anwender und Meteorologen stattgefunden haben, um trotz einer gewissen standardisierten Form eine bedarfsgerechte meteorologische Information zu sichern. Diese Zusammenarbeit ist natürlich auch dadurch gekennzeichnet, daß jeder, der an dieser Zusammenarbeit beteiligt ist, für seinen Teil eine bestimmte Verantwortung trägt.

Die Entwicklung der meteorologischen Beratung in den unterschiedlichen Bereichen der Volkswirtschaft ist nicht gleichmäßig und hängt stark von der Notwendigkeit und Möglichkeit der Anwendung meteorologischer Informationen auf bestimmten Gebieten ab. Schwerpunktbereiche der Volkswirtschaft, die meteorologische Informationen anwenden, sind das Verkehrswesen, das Bauwesen, die Landwirtschaft und die Energiewirtschaft, also überwiegend solche Volkswirtschaftszweige, deren Produktion im Freien erfolgt bzw. für die eine direkte Abhängigkeit bei der Lösung ihrer Aufgaben von den herrschenden meteorologischen Umgebungsbedingungen besteht.

Über einen langen Zeitraum hat man bei der Nutzung meteorologischer Informationen in erster Linie die Verhütung bzw. Minimierung von Schäden durch meteorologische Einflüsse in den Vordergrund gestellt. Die Entwicklung hat aber gezeigt, daß ebenfalls ein hoher ökonomischer Nutzen dann erreicht werden kann, wenn man günstige meteorologische Bedingungen — rechtzeitig vorhergesagt — als Gratisfaktor der Natur für die Erzielung hoher Produktionsergebnisse bzw. bessere Rentabilität nutzt.

Welche Erfahrungen hat der Meteorologische Dienst der DDR hinsichtlich der Bereitstellung und Einflußnahme auf die Nutzung und Anwendung meteorologischer Informationen in der Volkswirtschaft gewonnen?

Zur Überwindung der getrennten Bereitstellung von Wettervorhersagen einerseits und Gutachten bzw. anderen klimatologischen Unterlagen andererseits haben wir begonnen, die Wetterdienststellen mit den Ämtern für Meteorologie zu Regionaldienststellen zusammenzulegen. Das hat mit dazu geführt, daß es zwischen den Hauptanwendern meteorologischer Informationen und den Dienststellen des MD der DDR eine wachsende Zusammenarbeit gibt, aus der wir uns rechtzeitig auf die Forderungen und Notwendigkeiten für die Bereitstellung meteorologischer Informationen einstellen können. Damit ist natürlich nicht gesagt, daß die Meteorologie alle Wünsche und Erfordernisse, so berechtigt und verständlich sie auch sein mögen, kurzfristig erfüllen kann. Viele Anforderungen können zunächst nur entgegen genommen werden und dienen uns zur Formulierung zukünftiger Forschungsthemen und sichern so eine praxis- und anwenderorientierte Forschungsarbeit. Eine Reihe von Anforderungen der Nutzer kann durch den Meteorologischen Dienst nur realisiert werden, wenn weitere beträchtliche Investitionen im MD verwirklicht werden. Die erfolgreiche Arbeit zum Wohle der sozialistischen Gesellschaft hat mit dazu beigetragen, daß dem Meteorologischen Dienst der DDR beträchtliche materielle und finanzielle Mittel Jahr für Jahr durch die Regierung zur Verfügung gestellt werden.

In verstärktem Maße ist der MD der DDR bemüht, gemeinsam mit den Anwendern meteorologischer Informationen den Nachweis für den ökonomischen Nutzen zu liefern. In den Fällen, in denen konkret bestimmbarer Nutzen durch die Anwendung günstiger meteorologischer Informationen entstanden ist, läßt sich auch relativ leicht der Nutzen in Mark ausdrücken. Wesentlich problematischer ist der Nachweis des ökonomischen Nutzens zu erbringen, wenn durch die gezielte Anwendung der meteorologischen Informationen Schäden vermieden werden. Hier fehlen uns noch wichtige Lösungsansätze, um bessere Angaben über den Nutzen machen zu können. In den meisten Fällen handelt es sich sonst nur um Schätzungen, da eine reale Abrechnung nicht möglich ist. Die zur Verbesserung geplanten bzw. eingeleiteten Maßnahmen sollen sichern, daß durch die Anwenderbereiche der Volkswirtschaft regelmäßige Analysen über das Aufwand-Nutzen-Verhältnis bei der Anwendung bzw. Nichtanwendung meteorologischer Informationen erarbeitet werden und in einer Gemeinschaftsarbeit mit dem Meteorologischen Dienst die Auswertungen erfolgen.

Erste Erfolge gibt es in der zielgerichteten, verbesserten Anwendung und Nutzung meteorologischer Informationen in der Volkswirtschaft durch den Übergang von der bisher noch hauptsächlich kategorischen Aussage in den Prognosen zur Bereitstellung von Wahrscheinlichkeitsaussagen für das Eintreffen bestimmter Ereignisse oder Erreichen bzw. Überschreiten bestimmter Schwellenwerte meteorologischer Parameter in der Kurz- und Mittelfristvorhersage. Damit lassen sich in entsprechenden Entscheidungsmodellen beim Anwender meteorologischer Informationen optimale Nutzungsstrategien realisieren.

Die Nutzung und Anwendung meteorologischer Informationen hängt in zunehmendem Maße auch von der Art und Weise der Bereitstellung der Informationen ab. Bereits heute gehen in eine Vielzahl von EDV-Modellen meteorologische Parameter als Steuerungsgrößen ein. Dabei handelt es sich nicht nur um prognostizierte Werte, sondern auch um aktuelle Meßwerte. Auch beobachtete bzw. gemessene Werte unmittelbar zurückliegender Zeiträume können als Eingangsgrößen eine wichtige Rolle spielen. Während bisher die meteorologischen Informationen für die Anwender entweder über Massenkommunikationsmittel wie Rundfunk, Fernsehen, Telefonauskunftsdienst u. a. oder durch direkte Übermittlung, z. B. mittels Telex, bereitgestellt werden, müssen in naher Zukunft noch effektivere Wege der Datenbereitstellung erschlossen werden, um eine Verbesserung in der Nutzung und Anwendung dieser Informationen zu erreichen. Zum gegenwärtigen Zeitpunkt umfaßt das Leistungsangebot des Meteorologischen Dienstes der DDR

- Kürzestfristvorhersagen bis zu 12 Stunden,
- Kurzfristvorhersagen bis zu 36 Stunden,
- Mittelfristvorhersagen bis zu 5 Tagen,
- Spezialwettervorhersagen, z. B. für die Energiewirtschaft, das Verkehrswesen u. a.,
- Gebietsvorhersagen,
- Seewetterberichte und Routenempfehlungen,
- Bauwetterberichte,
- Agrarmeteorologische Hinweise und Beregnungsberatungen,
- Wetterwarnungen und Hinweise auf gefahrdrohende Wettererscheinungen.

Außer diesen Vorhersagen, um nur die wichtigsten zu nennen, werden jährlich etwa 2000 Gutachten auf den Gebieten der angewandten Meteorologie und Klimatologie und der meteorologischen Aspekte der Umweltgestaltung erarbeitet sowie eine Vielzahl von Witterungsauskünften erteilt. Daneben stehen den Anwendern sowohl meteorologische Primärdaten als auch aufbereitete klimatologische Daten, z. B. in Form von Andauerstatistiken, Häufigkeitsverteilungen, Ereignistagen, Schwellenwerten u. a. in regelmäßig erscheinenden Veröffentlichungen bzw. in Datenhandbüchern zusammengefaßt, zur Verfügung. Die stürmische Entwicklung auf dem Gebiete der Nachrichtenelektronik sowie der modernen Mikroelektronik hat bereits jetzt dazu geführt, daß beim Meteorologen die meteorologischen Informationen praktisch ohne Zeitverzug aktuell vorliegen. Sie können aber nicht so rasch und ausreichend genug an den potentiell vorhandenen Bedarfsträger und Nutzer weitergegeben werden und von ihm noch nicht optimal genutzt werden. Hier wird die weitere Entwicklung sowohl der Bildübertragungstechnik und ggf. auch die Möglichkeit der Darstellung aktueller meteorologischer Entwicklungen mehrmals täglich durch das Fernsehen noch wertvolle Reserven zu erschließen haben, um die Anwendung und Nutzung meteorologischer Informationen noch effektiver zu gestalten. So wie es heute selbstverständlich ist, daß an fast jedem Ort in der DDR der für den bestimmten Bezirk erarbeitete Wetterbericht über den Postauskunftsdienst per Telefon abgerufen werden kann, müßte es in absehbarer Zeit auch möglich sein, daß eine bildliche Darstellung, die in kurzen Abständen aktualisiert wird, mittels Fernsehen dargestellt und gesendet wird und damit allen interessierten Nutzern zur Verfügung steht.

Zusammenfassend möchte ich feststellen, daß die Meteorologie bereits heute einen wichtigen Beitrag zur Erhöhung der Effektivität in der Volkswirtschaft leistet. Dieser Beitrag kann um einen wesentlichen Anteil erhöht werden, wenn die schon vorhandenen Möglichkeiten besser und vollständiger angewendet und genutzt werden.

Die Hauptanstrengungen der Entwicklung in der Meteorologie sind zur noch besseren Bereitstellung von meteorologischen Informationen zur Nutzung in der Volkswirtschaft zu richten auf:

- Präzisierung von räumlichen und zeitlichen Vorhersagen mittels mesoskaler Arbeitsweisen und
- Verlängerung der Mittelfristvorhersage auf 7 bis 10 Tage.

Diese anspruchsvollen Ziele sind in absehbarer Zeit nur erreichbar, wenn wir auch weiterhin alle technischen und organisatorischen Möglichkeiten und die arbeitsteilige Zusammenarbeit im nationalen und internationalen Rahmen nutzen.

Der Stand der meteorologischen Betreuung der Nutzer in Ungarn

von J. BARAT

Im Jahre 1968 wurde in die Volkswirtschaft der UVR anstelle des bis dahin angewandten Planungssystems ein neuer ökonomischer Mechanismus eingeführt. Hauptziel der Reform war eine Erhöhung der Effektivität der Wirtschaft und damit eine Beschleunigung des Entwicklungstempos. Dabei wurde beabsichtigt, das gestellte Ziel durch verstärkte Realisierung der die Wirtschaft regulierenden Kennziffern zu erreichen.

Seit 1968 hat sich auch das Wirtschaftssystem des Meteorologischen Dienstes der UVR beträchtlich verändert. Durch eine Verfügung des Ministeriums für Finanzen, die im Geiste des neuen ökonomischen Mechanismus erlassen wurde, wurden die Kosten, die mit den neuen Anforderungen an die meteorologische Betreuung der Nutzer verknüpft sind, auf die Auftraggeber übertragen. Dabei blieb die meteorologische Betreuung der Presse, des Rundfunks, der Gerichte und der Polizei nach wie vor kostenlos.

In den 70er Jahren ging die ungarische Volkswirtschaft von der Phase der extensiven in die Phase der intensiven Entwicklung über, und die gleichzeitige Erhöhung der ökonomischen Effektivität der Landwirtschaft, der Industrie, des Verkehrswesens erregte das Interesse an einer Nutzung der Errungenschaften der Wissenschaft, darunter auch der meteorologischen Information.

Tabelle 1: Die Einkünfte des MD der UVR durch die Vertragstätigkeit im Zeitraum 1968—1984

Jahr	Einkünfte in Tausend Forint
1968	464,7
1969	1525,5
1970	4324,6
1971	5159,6
1972	6567,9
1973	8559,4
1974	8273,5
1975	9202,8
1976	9609,6
1977	13993,4
1978	10477,9
1979	11315,1
1980	20525,5
1981	16052,9
1982	20980,1
1983	26907,6
1984	31182,7

Der auf Vertragsbasis erhaltene Gewinn erhöhte sich von 465000 Forint im Jahre 1968 auf 30 Millionen Forint im Jahre 1984 (Tab. 1). Von der günstigen Nutzung der meteorologischen Informationen in der Volkswirtschaft spricht überzeugend die Tatsache, daß die von den Produktionsbereichen angetroffenen Schwierigkeiten nicht zu einer Verminderung der Anfragen bezüglich der meteorologischen Betreuung führten, sondern umgekehrt, die Nachfrage erhöhte sich. Das bedeutet, daß ein Produktionsbereich, der im Wettbewerb bestehen will, seine Möglichkeiten in Rechnung zieht, und, wie die Tatsachen beweisen, kann die Nutzung meteorologischer Informationen dabei eine beträchtliche Hilfe leisten.

Unser Dienst hat äußerst vielseitige Verbindungen mit den Nutzern. Es ist hier nicht möglich, darüber ein vollständiges Bild zu vermitteln, und deshalb werden im folgenden nur einige Beispiele angeführt.

— Für den Verkehrsbetrieb HUNGAROKAMION werden im Herbst, Winter und Frühjahr Streckenprognosen ausgegeben. Vom Gesichtspunkt einer besseren Fahrzeugausnutzung ist es nicht gleich, ob ein Fahrzeug wegen Schneefall auf den Straßen der skandinavischen Länder festliegt oder statt dessen bei günstigeren Bedingungen Fleisch in die arabischen Länder transportiert und den Transport nach Skandinavien dann durchführt, wenn sich das Wetter bessert.
— Für das Bauwesen werden Prognosen der Windstärke zur Sicherung einer gefahrlosen Arbeit der Kräne, aber auch Frostprognosen für die Steuerung der Betonierungsarbeiten erstellt.
— Temperaturprognosen werden an die Firma COCA-COLA übermittelt, im Sommer, damit sie die Produktion an die zu erwartende Nachfrage anpassen kann, im Winter, damit sich beim Transport die Färbung der COCA-COLA nicht ändert (unterhalb einer bestimmten Temperatur wird sie heller).
— Für die Städte wird der zu erwartende Schneefall vorhergesagt, damit die entsprechende Institution den Maschinenpark mobilisieren und Saisonarbeiter mieten kann. Die Unterhaltung einer überflüssigen Bereitschaft ist sehr kostspielig.
— Für die Tagebaue werden Niederschlags- und Frostprognosen ausgegeben, und für den Untertagebergbau wird der erwartete Luftdruckfall vorhergesagt, der auf einen möglichen Methanausbruch hinweist.
— Für die Fernwärmebetriebe wird die mittlere Temperatur vorhergesagt, damit diese rechtzeitig die Be-

heizung der Wohnungen beginnen und bei einem Temperaturanstieg die Heizung rechtzeitig drosseln.

— Auf der Basis der Daten der radarmeteorologischen Stationen werden für die landwirtschaftlichen Institutionen Gewitterprognosen aufgestellt. Diese Institutionen erhalten auch eine Information über die territoriale Niederschlagsverteilung.
— In den Regionen der Konservenfabriken steuern unsere Agrarmeteorologen ein programmiertes System des Anbaus verschiedener Pflanzenarten. Das Ziel besteht dabei in einer gleichmäßigen Rohstoffversorgung der Fabriken bei sorgfältig gewählten Bedingungen. Die Festlegung der periodischen Aussaattermine, die Vorhersage der Reifetermine und die Einschätzung der zu erwartenden Ernte erfolgen mit maschinellen Methoden.
— Anhand der Satellitenaufnahmen kann unser Dienst Bodentemperaturdaten für Bereiche mit einer Fläche von 3,3 × 3,3 km darstellen. Diese Daten haben große Bedeutung für die Festlegung der Termine der Maisaussaat.
— Für die Staatliche Versicherung können wir die Bereiche feststellen, die unter Frost gelitten haben, zwecks Bezahlung der durch den Frost verursachten Verluste.
— Für die hydrologischen und wasserwirtschaftlichen Betriebe werden Bewässerungsprognosen erstellt.
— Gewährleistet wird eine stetige meteorologische Betreuung der Kraftwerke und des Kernkraftwerks.

Die meteorologische Betreuung der Luftfahrt erfolgt kostenlos. Als materielle Hilfe für diese Tätigkeit gewährt das Ministerium für Finanzen dem Meteorologischen Dienst 14 Millionen Forint im Jahr.

Die Antihagelarbeiten erwiesen sich in den vergangenen 7 Jahren als wirksam; ihre Effektivität läßt sich durch eine Summe von etwa 600 Millionen Forint ausdrücken. Für unseren Dienst wird auf Kosten dieser Arbeiten kein Einkommen erzielt, da die Staatliche Versicherung nur die Betriebskosten deckt. Der Gewinn kommt den Wirtschaften und der Staatlichen Versicherung zugute. Im Jahre 1985 wird ein neues Antihagel-Polygon geschaffen.

Die für die Informationsbereitstellung oder für die Durchführung von Untersuchungen zu zahlende Summe wird durch Vereinbarung zwischen den Vertragspartnern festgelegt.

— Bei Verträgen zur Durchführung von Untersuchungen oder Expeditionsmessungen werden in den Preis die Selbstkosten, der Gewinn und der staatliche Zuschuß mit einbezogen.
— Bei Verträgen zur Bereitstellung vorhandener Daten wird in den Preis nur ein bestimmter Teil der Selbstkosten mit einbezogen.

Im Jahre 1983 betrugen die Verträge zur meteorologischen Betreuung 55 Prozent des Gesamteinkommens, und das Einkommen pro Vertrag betrug im Mittel 55000 Forint. Nach unseren Berechnungen beträgt der Preis für eine Dateneinheit zusammen mit der Archivierung etwa 10—15 Forint. In der Praxis konnten wir diesen Preis nicht realisieren.

Die Verträge für die Durchführung von Untersuchungen betrugen 45% des Gesamteinkommens; auf einen Vertrag entfallen im Mittel 170000 Forint. Den Preis von 15—20 Forint pro Dateneinheit zu realisieren, gelang auch hier nur in Ausnahmefällen.

Der Jahresetat des Meteorologischen Dienstes der UVR betrug für 1984 168 Millionen Forint. In dieser Summe beträgt der Zuschuß seitens des Ministeriums für Finanzen 81 Millionen Forint. Ein großer Teil des Haushalts — 86 Millionen Forint — wird durch eigenes Einkommen gedeckt.

Das in unserem Dienst geschaffene System der meteorologischen Betreuung der Nutzer wird von uns als günstig eingeschätzt. Es zu realisieren und die Einnahmen von Jahr zu Jahr zu steigern, gelang in erster Linie dadurch, daß das System des materiellen Anreizes sich bewährt hat und die Mitarbeiter an einer Erhöhung der Gewinne interessiert wurden. Wer mehr in den „gemeinsamen Hut" tut, kann auch mehr aus ihm herausnehmen. Im Zeitraum 1968—1984 erhielten unsere Mitarbeiter außer Gehalt und Prämien 42 Millionen Forint zusätzliche Einkünfte. Auf Kosten des aus dem Gewinn für diesen Zeitraum geschaffenen „Entwicklungsfonds" konnten wir über den Plan hinaus 50 Millionen Forint für die Anschaffung von Geräten, für Baukosten und für Unterstützung des Wohnungsbaus unserer Mitarbeiter ausgeben.

Durch die Vertragstätigkeit rückten wir näher an die Nutzer heran, erweiterte sich unsere Tätigkeit und tat in unserem Lande die Wissenschaft der Meteorologie die ersten Schritte in Richtung zur Entwicklung als Produktivkraft.

Nutzung meteorologischer Informationen in der Kohle- und Energiewirtschaft der DDR am Beispiel der Elektroenergie-und Gasversorgung. Zusammenhänge, Konsequenzen und weitere Anforderungen

von D. Ebert

In meinem Beitrag möchte ich auf einige Fragen der Nutzung meteorologischer Informationen in der Kohle- und Energiewirtschaft der DDR eingehen und dabei deutlich machen, daß zwischen einer stabilen und jederzeit zuverlässigen Versorgung der Bevölkerung und Wirtschaft mit Energie und Brennstoffen und einer sicheren Einschätzung der Wettersituation für bestimmte Gebiete und deren Entwicklung ein enger Zusammenhang besteht.

Die Kombinate der Kohle- und Energiewirtschaft der DDR produzieren

91 % der Elektroenergie,
93 % des Stadtgases,
100 % aller festen Brennstoffe wie Rohbraunkohle, Brikett, Brennstaub u. a.

für die Versorgung der Bevölkerung und Wirtschaft und stellen den entscheidenden Energieträgerbedarf bereit. Weiterhin obliegt es den operativen Steuerorganen für Elektroenergie und Stadt- und Erdgas, die dem Ministerium für Kohle und Energie unterstehen, den Versorgungsprozeß für diese beiden Energieträger planmäßig, d. h. zuverlässig und effektiv zu gestalten.

In meinen weiteren Ausführungen möchte ich mich auf diese beiden Energieträger, die Elektroenergie und das Gas, konzentrieren und am Beispiel der charakteristischen Bedingungen dieser beiden Energieträger im Versorgungsprozeß den Zusammenhang und die Bedeutung meteorologischer Informationen weiter untersuchen.

Der entscheidende Ausgangspunkt für die Gewährleistung der Hauptaufgabe der Kohle- und Energiewirtschaft der DDR ist es, zur Sicherung eines kontinuierlichen und planmäßigen Funktionierens der Wirtschaft und des gesellschaftlichen Lebens sowie zur Versorgung der Bevölkerung die Energieversorgung zu jedem Zeitpunkt stabil zu gewährleisten und effektiv diesen Prozeß zu gestalten.

Dazu erfolgt auf der Grundlage der langjährigen Durchschnittswerte die Planung des Bedarfes in den Zeitebenen Jahr und Monat. Die Produktionskapazitäten werden entsprechend dem Belastungsgang des Jahres und des Monats geplant. Beide Energieträger, Elektroenergie und Gas, werden im wesentlichen Maße in der Höhe des Bedarfes von den klimatischen Bedingungen — Temperatur, Wind und Niederschlag — bestimmt. Darin begründet ist, daß ausgehend von der Jahres- und Monatsplanung die operative Bilanzierung dieser Energieträger auf den Wochen- und Tageszeitraum erforderlich ist, um entsprechend der zu erwartenden klimatisch bedingten Bedarfsentwicklung die für die sichere und effektive Versorgung erforderlichen Entscheidungen vorzubereiten und zu treffen.

Dies macht sich insbesondere deswegen notwendig, da der Energieträger Elektroenergie nicht oder nur im geringen Umfang speicherbar ist und der Energieträger Gas zwar speicherbar ist, jedoch die dem Versorgungssystem innewohnenden spezifischen Bedingungen bei hohen Bedarfsschwankungen den Versorgungsprozeß komplizierter und uneffektiver gestalten.

Auf der Grundlage vertraglicher Regelungen zwischen den operativen Steuerorganen, der Staatlichen Hauptlastverteilung für Stadt- und Erdgas und dem Meteorologischen Dienst der DDR werden diesen Dienststellen zyklische Wetterinformationen übergeben, die dann den Ausgangspunkt darstellen für die Präzisierung der Produktions- und Versorgungsbilanzen, bezogen auf den Wochen- bzw. Tageszeitraum.

Diese zyklischen Informationen sind

- Tagesgang der Lufttemperatur (stündliche Werte) für einen Zeitraum von 38 Std. für die Meßpunkte Schwerin, Potsdam und Dresden,
- Helligkeitsmaßzahl entsprechend den Bewölkungs- und Niederschlagsverhältnissen für 5 Zeitpunkte des Tages (abhängig von der Jahreszeit) für die Meßpunkte Greifswald, Schwerin, Magdeburg, Berlin, Erfurt und Dresden sowie
- Luftfeuchtigkeit, Windrichtung und -geschwindigkeit für die Zeitpunkte 0.00, 6.00, 12.00 und 18.00 Uhr für die Meßpunkte Schwerin, Magdeburg und Dresden.

Diese zyklischen Wetterinformationen erfolgen als Vorhersage für den laufenden und den Folgetag (tägl. 8.15 und 8.30 Uhr) sowie als Ist-Werte des Vortrages (tägl. bis 24.00 Uhr).

Als weitere zyklische Wetterinformationen werden zweimal wöchentlich (Mittwoch und Freitag) mittelfristige verbale Wettervorhersagen übermittelt.

Mit diesen Wetterinformationen wird der Umfang bestimmt, welcher die Regel darstellt.

Darüber hinaus sind operative Informationen wie Wetterwarnungen bzw. Hinweise vor gefahrdrohenden Wettererscheinungen mit festgelegten Parametern für

- Wind- und Windspitzen,
- Gewitter und Starkniederschläge,
- Nebel und Rauhreif,

— Frost, Schneefall und Tauwetter sowie
— Gefahr des Auftretens langwelliger Leiterseilschwingungen

von großer Wichtigkeit für die Planung des operativen Bedarfes an diesen Energieträgern und für die Fahrweise und Beherrschung des Versorgungs- und Übertragungssystems, insbesondere des Elektroenergiesystems.

Informationen zu gefahrdrohenden Wettererscheinungen werden häufig kurzfristig übermittelt. Sie bedeuten oft eine akute Gefahr für den Versorgungsprozeß oder in einzelnen Teilsystemen. Insbesondere zur Abwendung und Beherrschung von Störungen durch Sturm, Gewitter und langwellige Leiterseilschwingungen wurden Instruktionen herausgegeben, die Handlungen und Maßnahmen zur Beherrschung und zur Stabilisierung festlegen. Sie beinhalten solche Maßnahmen, wie z. B.

— ständige Beobachtung der Wettererscheinungen an ausgewählten Punkten und gegenseitige Informationen der zentralen und territorialen Steuerorgane,
— Herstellung einer hohen Verfügbarkeit der Fortleitungsanlagen sowie Herstellen des Normalschaltzustandes in den Übertragungssystemen,
— Besetzung bzw. zusätzliche Besetzung von Steuerpunkten mit schaltberechtigtem Personal,
— Festlegung von Betriebsregimen und der Leistungsfahrweise zur Gewährleistung der Versorgung und der Betriebssicherheit.

Über das operative Leitungssystem der Kohle- und Energiewirtschaft ist der Prozeß so organisiert, daß bei Eingehen derartiger Meldungen über gefahrdrohende Wettererscheinungen dann die Kombinate informiert und entsprechend den erarbeiteten Instruktionen die Betriebsführung auf die angekündigte Wettererscheinung eingestellt wird.

An Beispielen möchte ich verdeutlichen, welche Bedeutung der exakten Wettervorhersage zukommt, aber auch welche Konsequenzen aus uns überraschenden Wetterentwicklungen erwachsen.

Erstes Beispiel (Abb. 1):

Es handelt sich dabei um zwei aufeinander folgende Bilanztage, die bei gleichen meteorologischen Bedingungen in etwa die gleiche Bedarfsganglinie aufweisen müßten. Die Bedarfsganglinie vom 07. August entspricht dabei etwa dem charakteristischen Verlauf der Jahreszeit. Durch drastische Verschlechterung der meteorologischen Bedingungen vom 07. zum 08. August insbesondere durch

— bedeutende Helligkeitsbeeinflussung sowie
— einsetzende und sich ausbreitende Niederschlagstätigkeit (Starkniederschläge)

kam es im Verlaufe des Tages zu einem erheblichen Bedarfszuwachs. Deutlich zu erkennen ist, daß in den Morgenstunden und am Vormittag bei noch geringem Niederschlag die Abweichungen zwischen +200 und +400 MW lagen, aber mit zunehmendem Niederschlag am Nachmittag und Abend die Abweichungen bis +600 MW (19.00, 20.00 und 21.00 Uhr) betrugen.

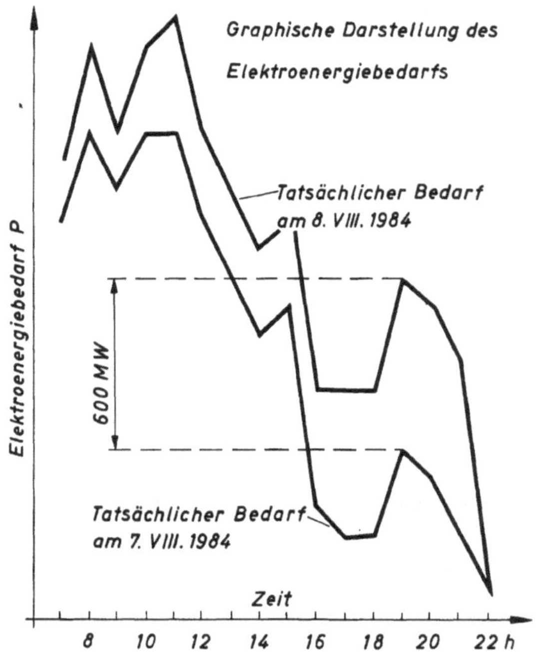

Abb. 1. Änderung des Elektroenergiebedarfes in Abhängigkeit von den Wetterbedingungen am 7./8. August 1984

Der Bedarf an Stadtgas stieg am 8. 8. 1984 gegenüber dem Vortag um 0,4 Mio m^3 und bei Importerdgas um 0,1 Mio m^3. Entscheidend dabei ist, daß mit der rechtzeitigen Wetterinformation durch den Meteorologischen Dienst der DDR die Kohle- und Energiewirtschaft sich auf diese komplizierten Wetterbedingungen einstellen konnte und die Versorgung der Wirtschaft und Bevölkerung gewährleistet wurde.

Zweites Beispiel:

Im Sommer des vergangenen Jahres führte ein Blitzschlag in ein zentrales Umspannwerk zu dessen totalem Ausfall mit Auswirkungen auf weitere zwei nachgeordnete Umspannwerke. Es kam zu einer territorial auf drei Bezirke der DDR ausgeweiteten erheblichen Beeinträchtigung des Versorgungsprozesses mit einem Versorgungsausfall von über 1400 MW.

Wetterinformationen über Gewitter können die Anlagen vor Blitzschlag und deren Auswirkungen nicht schützen, aber sie ermöglichen, daß die Werktätigen und die operativen Leitungsorgane sich auf diese Bedingungen einstellen können und durch erhöhte Einsatzbereitschaft und entsprechende Gestaltung der Betriebsbedingungen die Auswirkungen schnellstens beseitigen und den Versorgungsprozeß normal gestalten können.

Wie arbeiten die operativen Steuerorgane mit den Wetterinformationen und welche Ergebnisse bzw. Erkenntnisse wurden dabei gesammelt?

Die aktuellen Wetterinformationen werden auf ihren Grad der Abweichung zu Vorhersagewerten überprüft und daraus Schlußfolgerungen für die Bedarfspräzisierung sowie für die gesamte energetische Bilanzierung gezogen. Helligkeit und Luftfeuchtigkeit werden ausgehend von Erfahrungswerten differenziert betrachtet, wobei dabei auch eine territoriale Differenzierung erfolgt, da ausgehend von den netztechnischen Konstellationen bei den Elektroenergie- und Gassystemen der territoriale Aspekt für die Versorgungszuverlässigkeit von wesentlicher Bedeutung ist.

Die bisherigen Auswertungen und Erfahrungen haben es ermöglicht, von den Witterungsereignissen abhängige bzw. bestimmende Korrekturfaktoren herauszuarbeiten, die dann der Bilanzpräzisierung für die weitere Arbeit zugrunde gelegt werden. Wir gehen heute davon aus, daß z. B. die Veränderung des Bedarfes infolge von Temperaturschwankungen von einem Grad Celsius zu einer Bedarfskorrektur von ca. 75 MW bei Elektroenergie führt. Bei Stadt- und Erdgas beträgt dieser Korrekturfaktor 0,5 bzw. 0,3 Mio m^3/d und Grad.

Ausgehend von diesen Korrekturfaktoren, die sich jedoch in Abhängigkeit von den Einflußfaktoren wie Regen, Windstärke u. a. zum Teil drastisch verändern, wird für die Bilanzierung des Bedarfes für Bilanzzeiträume von 2—4 Tagen eine Bedarfsmatrix erarbeitet, die es den operativen Diensten der Steuerorgane ermöglicht, die Präzisierungen aus der Wettervorhersage sofort in die Betriebsregime zu integrieren und die erforderlichen Entscheidungen zum Kapazitätseinsatz zu treffen. Dabei werden auch die bestehenden Unterschiede in der Wirkungsintensität und Bedarfsbeeinflussung in den Territorien berücksichtigt. So beeinflussen Abweichungen von der Wettervorhersage im Südraum der DDR bedeutend stärker die Entwicklung des Elektroenergiebedarfes als im mittleren und nördlichen Raum der DDR.

Wie schätzen wir die erreichten Ergebnisse und Nutzeffekte der bestehenden Regelungen zur Wetterinformation und den daraus erwachsenen ökonomischen Nutzen ein?

Die Übergabe der zyklischen Wettervorhersagen und die operativen Unwetterwarnungen sind eine für die Kohle- und Energiewirtschaft entscheidende Dienstleistung, die in wesentlichem Umfang die Versorgungssicherheit- und -zuverlässigkeit mit Brennstoffen und Energie für die Bevölkerung und Wirtschaft beeinflußt. Die bisher erreichten Ergebnisse bewerten wir positiv, da aus den uns übermittelten Wettervorhersagen, auch wenn kein hundertprozentiges Eintreten der vorhergesagten Wetterentwicklung vorlag, die Kohle- und Energiewirtschaft sich auf die Bedingungen einstellen konnte. Der ökonomische Nutzen ist nicht quantifizierbar, da ein ökonomischer Schaden, der bei Nichtbeachtung eingetreten wäre, nicht ermittelt werden kann. Es ist einzuschätzen, daß durch rechtzeitige und inhaltlich zuverlässige Wetterinformationen die Vorbereitung und operative Betriebsführung der Energieversorgungssysteme und Produktionskapazitäten besser auf die zu erwartenden Bedingungen eingestellt werden konnten und, das ist die entscheidende Aussage, die stabile Versorgung der Bevölkerung und Wirtschaft mit Energie und Brennstoffen gewährleistet werden konnte.

Welche Schlußfolgerungen und Forderungen ergeben sich aus dem bisher Dargelegten:

1. Das praktizierte System der zyklischen und operativen Wettervorhersage hat sich bewährt. An der Erhöhung der Wirksamkeit hinsichtlich der Zuverlässigkeit der Vorhersagewerte bzw. der rechtzeitigen Information auf sich verändernde Bedingungen ist weiter zu arbeiten. Bei einer weiteren Erhöhung der Treffsicherheit für die Wetterentwicklung können entscheidende, die Versorgungssicherheit und Effektivität verbessernde Reserven erschlossen werden. So können bei rechtzeitigem Erkennen von Bedarfsentwicklungen die notwendigen Entscheidungen zum Einsatz der Produktionskapazitäten oder strategischen Entscheidungen über die Fahrweise der Systeme vorbereitet und angewiesen werden.

2. Erreichung einer präziseren territorialen Abgrenzung der Wetterentwicklung, insbesondere bei Informationen über gefahrdrohenden Wettererscheinungen. Es ist für die Vorbereitung von Maßnahmen zur Vermeidung der witterungsbedingten Auswirkungen auf den Produktions- und Versorgungsprozeß sowie für die Einstellung der Versorgungs- und Produktionssysteme auf die vorhergesagten Witterungsbedingungen entscheidend, die territoriale Eingrenzung so weit wie möglich zu präzisieren. Diese Forderung ist insbesondere für die Versorgungssicherheit von prinzipieller Bedeutung.

3. Die Aussagen zum zeitlichen Ablauf des Wettergeschehens sollten in verstärktem Umfang qualifiziert werden. Es ist ein wesentlicher Unterschied, ob die Bedarfsanforderungen sich kurzzeitig oder über ausgedehnte Zeitabschnitte des Tages erhöhen. Von dieser Aussage ist es abhängig, ob z. B. das Speichervolumen des Stadtgas-Systems genutzt oder die Ausspeisung aus den Untergrundgasspeichern (UGS) vorbereitet wird oder Spaltanlagen als zusätzliche Produktionskapazität angefahren werden. Mit einer Verbesserung der Genauigkeit zum zeitlichen Ablauf von Wettererscheinungen wird es gelingen, insbesondere auf die Effektivität der Produktions- und Versorgungsprozesse positiv Einfluß zu nehmen.

4. Die Kenntnis über komplizierte Witterungsbedingungen, insbesondere bei Unwetter in den Nachbarländern der DDR, d. h. der ČSSR und VR Polen, gewinnt immer mehr an Bedeutung. Mit der immer engeren Verflechtung des Elektroenergiesystems der DDR im Vereinigten Energiesystem ist für die Steuerung des EES der DDR von zunehmender Bedeutung, Kenntnis über die Wettersituation in diesen Ländern zu haben, um durch vorausschauende Entscheidungen das hohe Niveau der Versorgungszuverlässigkeit zu erhalten und schnell auf veränderte Bedingungen in der Verbundfahrweise reagieren zu können.

5. Die Übergabe operativer Wetterinformationen zu gefahrdrohenden Wettererscheinungen hat sich bewährt. Es ist jedoch zu beachten, daß nicht durch übertriebene Vorsicht und zu häufige Ankündigung dieser Wettermeldungen die Wertung und damit die Reaktion aus Gewöhnung nachläßt. Hier obliegt den verantwortlichen Meteorologen eine hohe Verantwortung.

Anwendung meteorologischer Informationen in der zivilen Luftfahrt der DDR, erzielte Ergebnisse und zukünftige Forderungen

von G. Gäbel

Seit Bestehen der Luftfahrt ist die zielgerichtete Nutzung meteorologischer Informationen durch den Luftfahrer von elementarem Interesse. Vor allem zur Gewährleistung einer hohen Flugsicherheit hat sich mit Förderung durch die luftfahrttreibenden Einrichtungen der besondere Zweig der Flugmeteorologie entwickelt. Es ist bekannt, daß kein Pilot ohne umfassende Wetterberatung startet und kein Flugsicherungskontrolleur ohne möglichst genaue Kenntnis der aktuellen und prognostizierten Wetterlage seinen Dienst antritt. Von besonderer Bedeutung für die Entscheidungsfindung des Luftfahrzeugführers vor der Landung und vor dem Start sind die aktuellen Wetterinformationen über Sichtweite, Höhe der Wolkenuntergrenze, Windverhältnisse am Flughafen sowie über die Auftretenswahrscheinlichkeit fluggefährdender Wettererscheinungen, deren Intensität, räumliche Lage und Ausdehnung im Lande- und Startsektor. Diese operativen meteorologischen Daten werden seit Beginn dieses Jahres am Flughafen Berlin-Schönefeld in den OPMET-Daten des Fernschreibvermittlungsrechners gespeichert und sind über Fernschreiber oder Displaygeräte für die Nutzer des AFTN-Netzes abrufbar. Das genannte Beispiel zeigt, daß die in der Vergangenheit zu lösenden Aufgaben durch die beteiligten Kollektive jederzeit gelöst wurden, und ich möchte die Gelegenheit nutzen, mich im Namen der zivilen Luftfahrt bei der Leitung des Meteorologischen Dienstes für die gute Zusammenarbeit und ihr Engagement für die Fragen der Luftfahrt zu bedanken.

Die Forderungen nach noch effektiverer Nutzung der vorhandenen Grundmittel und Ressourcen, wie sie im 7. und 8. Plenum der SED nachdrücklich formuliert wurden, sind auch durch die zivile Luftfahrt zu erfüllen. Neben den Anspruch der sicheren Flugdurchführung tritt immer dramatischer die Forderung nach ökonomisch optimaler Realisierung des gesamten Lufttransportprozesses. Das bedeutet, daß Parameter wie das Höhenwindprofil für die Auswahl der günstigsten Flughöhe und Flugstrecke bei Langstreckenflügen und die Exaktheit der Tendenzprognose bei Wettergrenzlagen zum Finden optimaler Lande-/Ausweichflughafenkonstellationen zunehmend an Bedeutung gewinnen. Ich will nicht unerwähnt lassen, daß auch die Beherrschung des Vogelschlagproblems zu einer wichtigen ökonomischen Größe geworden ist. Lassen Sie mich an zwei Beispielen belegen, in welchem Umfang bereits heute bedeutende ökonomische Verluste auftraten, weil nicht hinreichende exakte oder zeitlich aktuelle meteorologische Daten zur Verfügung stehen:

a) Insbesondere nach Langstreckenflügen (Havanna, Hanoi, Maputo) kommt es bei Grenzsituationen der Landebahnsicht oder des Landebahnzustandes oft zu Ausweichlandungen im Ausland mit entsprechenden zusätzlichen Aufwendungen für die Rückführung der Maschinen und Passagiere zum Heimatflughafen. Die aus dem benachbarten Ausland übermittelten Kurzzeitprognosen enthalten in ihrer Eintreffwahrscheinlichkeit noch soviel Schwachstellen, daß fundierte kommerzielle Entscheidungen damit nicht getroffen werden können. Die auf den Flughäfen der DDR gegenwärtig angewandten Geräte und Verfahren zur Messung der Sichtweite über Start- und Landebahnen werden ebenfalls nur sehr bescheidenen Ansprüchen gerecht. Die speziell interessierende Landebahnsichtweite (RVR) wird gegenwärtig überhaupt nur am Flughafen Berlin-Schönefeld für eine Landerichtung gemessen.

b) Das Fehlen einer zeitlich und räumlich hinreichend exakten Gewitterprognose führte im Nahverkehrsbereich Berlin-Schönefeld vor allem im Jahre 1983 zu mehreren Blitzeinschlägen in gestartete Luftfahrzeuge. Das Ergebnis solcher Blitzeinschläge ist generell die Rückkehr der Maschinen verbunden mit dem Ablassen erheblicher Kraftstoffmengen zur Erreichung des zulässigen Landegewichts. Die Luftfahrzeuge stehen danach längere Zeit für den Einsatz nicht zur Verfügung.

Als Resumee muß festgestellt werden, daß es noch erheblicher Anstrengungen in den Folgejahren bedarf, um durch Verbesserung der Ausrüstungen und Verfahren einen Stand der meteorologischen Betreuung der Luftfahrt zu erreichen, der ökonomische Verluste auf ein akzeptables Mindestmaß reduziert. Unter den Bedingungen der intensiv erweiterten Reproduktion der 80er Jahre in der DDR wird dabei auch die zivile Luftfahrt bemüht sein, mit ihren Kapazitäten des Rationierungsmittelbaus die ihr mögliche Unterstützung beizusteuern.

Gestatten Sie mir bitte, im weiteren in einer Übersicht die thematischen Schwerpunkte zusammenzustellen, auf denen die zivile Luftfahrt Entwicklungsbeiträge der meteorologischen Dienste erwartet:

1. Entwicklung einer leistungsfähigen Ausrüstung zur exakten Messung der Landebahnsichtweite an den Start- und Landebahnen in der DDR. Dazu ist eine gemeinsame Entwicklungsaufgabe vom Meteorolo-

gischen Dienst und von der Zivilen Luftfahrt bereits in Angriff genommen worden.

2. Verbesserung der zeitlichen und räumlichen Treffsicherheit bei der kurzfristigen Vorhersage von gefährlichen Wettererscheinungen (insbesondere von Gewittergebieten) im Nahverkehrsbereich von Flughäfen. Die uns bisher bekanntgewordenen Programme zum Ausbau der meteorologischen Radarnetze in der DDR sowie der zugehörigen Auswertetechniken werden Radarkarten mit ca. 15 min Verzögerungszeit bereitstellen und können das genannte Problem der Luftfahrt nicht lösen. Die zivile Luftfahrt erwartet von der Schaffung besonderer Meteokanäle in ihren Flugsicherungsradaranlagen mit direkter Aufschaltung der Informationen auf die Flugsicherungsindikatoren der Radarflugleiter die dringend geforderte Verbesserung der Situation. Klar ist dabei, daß die über die Meteokanäle gewonnenen Echtzeitdaten durch Ergebnisdaten des Meteorologischen Dienstes ergänzt werden müssen.
3. Für die Erhöhung der Flugsicherheit und als Voraussetzung für eine exakte, ökonomisch orientierte Flugvorbereitung werden detailliertere Unterlagen über das Auftreten starker Höhenwindfelder, insbesondere von Strahlströmen, in einigen z. Z. noch wenig erschlossenen Gebieten benötigt (z. B. Mittel- und Ostasien).
4. Die kostenoptimale Realisierung von Luftaufnahmeflügen, die für die verschiedensten Zweige der Volkswirtschaften in allen Teilen der Republik in immer steigender Zahl durchgeführt werden, setzt exakte Punktvorhersagen in bezug auf das Wetter innerhalb der nächsten Stunde und insbesondere der Lufttrübungswerte sowie Höhe der Wolkenuntergrenze am geplanten Einsatzort voraus. Da der Startflughafen für derartige Einsätze fast immer Berlin-Schönefeld ist und lange Anflugwege zum Einsatzort die Regel sind, kommt der Lösung dieses Problems hervorragende ökonomische Bedeutung zu. Nicht selten führt heute die zu unexakte Wetterprognose zum Abbruch von Flügen, und oft wird erst nach Auswertung des Filmmaterials festgestellt, daß die Bedingungen zum Aufnahmezeitpunkt unzureichend waren.

Die hier dargestellten Probleme sollten keinesfalls den Eindruck erwecken, daß die Zusammenarbeit zwischen Meteorologischem Dienst und ziviler Luftfahrt in der DDR besonders schlecht entwickelt ist. Im Gegenteil, die Probleme sind erkannt, und im Ergebnis intensiver Konsultationen wurde in den letzten Jahren Übereinstimmung darüber erzielt, wie sie gelöst werden können. Die hervorragende Einsatzbereitschaft des operativen Personals der Flugwetterwarten ist dabei an jeder Stelle hoch zu bewerten. Auch uns ist klar, daß die zunehmenden Forderungen anderer Zweige der Volkswirtschaft in bezug auf die meteorologische Betreuung zu einer Leistungssteigerung im Bereich des Meteorologischen Dienstes der DDR zwingt. Wir halten es jedoch für nicht vertretbar, wenn dies auf Kosten der zivilen Luftfahrt geschehen müßte.

Bewässerungshinweise — ein Beitrag der Agrarmeteorologie zur Intensivierung der Pflanzenproduktion

von D. KRUMBIEGEL

In der für die Pflanzenproduktion entscheidenden Zeitspanne vom Mai bis August betragen in der DDR die Normalwerte für den Niederschlag verbreitet 240 mm und für die Verdunstung 330 mm. Daraus folgt, daß in der Mehrzahl der Vegetationsperioden durch Bewässerungsmaßnahmen eine Ertragssteigerung erzielt werden kann. Eine entscheidende Verminderung des Bewässerungserfolges durch zu niedrige Lufttemperaturen (Tagesmittel unter 15 °C, bei Gräsern und Kohlarten unter 12 °C) tritt nach Mitte Mai normalerweise nicht auf. Außer in einigen Gebieten der südlichen Hälfte der DDR liegt das Wasserspeicherungsvermögen der Böden nicht hoch genug, um längere niederschlagsarme Abschnitte mit ausreichender Feuchtenachlieferung für die Pflanzen überbrücken zu können.

Die Bewässerungsfläche in der DDR erfuhr eine ständige Erweiterung. 1983 konnte auf rund 1,3 Millionen ha der Wasserhaushalt reguliert werden. Das sind etwa 20% der landwirtschaftlichen Nutzfläche. Der Anteil der Beregnungsfläche beträgt gegenwärtig 450 Tha, was etwas mehr als 10% des Ackerlandes entspricht. Durch die Beregnung werden mittlere Mehrerträge von rund 15 Getreideeinheiten/ha erreicht. Daraus errechnet sich ein Mehrerlös von insgesamt rund 370 Millionen M/Jahr. In Jahren mit geringer bis mittlerer Beregnungsbedürftigkeit werden nach bisherigen Auswertungen folgende Mehrerträge je ha erreicht: Winterweizen 4,0 dt, Zuckerrüben 65 dt, Kleegras 155 dt. Besteht hohe bis sehr hohe Beregnungsbedürftigkeit, nehmen die Mehrerträge folgende Werte je ha an: Winterweizen 8,5 dt, Zuckerrüben 125 dt, Kleegras 250 dt.

Die hohen Investitionen für die Errichtung von Bewässerungsanlagen und das begrenzte natürliche Wasserdargebot erfordern eine wissenschaftlich fundierte Planung und Durchführung der Bewässerung. Die effektive Verwertung des Zusatzwassers durch die Pflanzenbestände hängt im wesentlichen von ihrer phänologischen Entwicklung, vom Bodenwasservorrat und den aktuellen meteorologischen Bedingungen (insbesondere Niederschlag, Verdunstung, Lufttemperatur) ab. Die vielseitigen Zusammenhänge, die zur exakten Beurteilung des Wasserhaushaltes von Boden und Pflanze notwendig sind, erfordern eine interdisziplinäre Zusammenarbeit zwischen Landwirtschaft, Agrarmeteorologie und Wasserwirtschaft. In der DDR wurde das weitgehend verwirklicht, so daß jetzt ein komplexes und praxiswirksames System für die Planung und für die Steuerung von Beregnungsanlagen besteht.

Bei der Erarbeitung der Planungsunterlagen wurde davon ausgegangen, daß die bislang und verbreitet übliche Nutzung von klimatologischen Normalwerten den tatsächlichen Informationsgehalt des meteorologischen Beobachtungsmaterials nicht umfassend genug widerspiegelt. Häufigkeitsbetrachtungen bilden eine wesentlich bessere Beurteilungsgrundlage. Ausgegangen wurde von der klimatischen Wasserbilanz, der Differenz zwischen Niederschlag und Verdunstung. Die Dekadenwerte der klimatischen Wasserbilanz von April bis September des 30jährigen Zeitraumes von 1951 bis 1980 von rund 40 meteorologischen Stationen stellten das Ausgangsmaterial für die Entwicklung von Nomogrammen des Zusatzwasserbedarfs für die wichtigsten Kulturen dar. Am Beispiel des Winterweizens sei dies erläutert (Abb. 1). Die schwarz gestrichelte Kurve stellt die Häufigkeitsverteilung der klimatischen Wasserbilanz innerhalb des Beregnungszeitraumes dar. Sie wurde mit

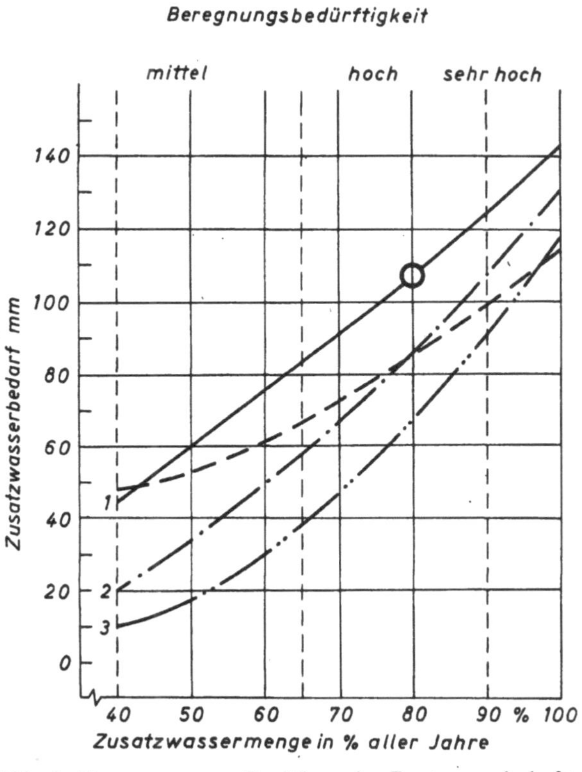

Abb. 1. Nomogramm zur Ermittlung des Zusatzwasserbedarfes von Winterweizen

den Häufigkeitsverteilungen des Bodenwasservorrates für Böden mit niedrigem (Kurve 1), mittlerem (Kurve 2) und hohem (Kurve 3) Wasserspeicherungsvermögen kombiniert. Aus diesen Kurven kann abgelesen werden, welche Zusatzwassermengen mit zunehmender Beregnungsbedürftigkeit erforderlich sind. Beispielsweise müssen auf Böden mit niedrigem Speicherungsvermögen etwa 110 mm Zusatzwasser zur Verfügung stehen, wenn für 80% aller Jahre eine ausreichende Wasserversorgung gewährleistet werden soll. In den verbleibenden 20% aller Jahre mit ungünstigerer klimatischer Wasserbilanz reicht diese Zusatzwassermenge für eine volle Bedarfsdeckung nicht mehr aus, wodurch der mögliche Höchstertrag nicht erreicht werden kann. Entsprechend können weiterführende Betrachtungen angestellt werden, die den Aufwand für die Kapazität der Beregnungsanlagen, die Sicherheit der Wasserbereitstellung für alle Kulturen und die Ertragsfähigkeit zum Inhalt haben. Die Nomogramme des Zusatzwasserbedarfs gelten für das Binnentiefland der DDR. Eine regionale Differenzierung erfolgt an Hand der Niederschlagsverteilung innerhalb der Bewässerungsperiode (Abb. 2). Zuschläge sind im mittleren Teil der DDR erforderlich. Reduzierungen werden im Norden und im Mittelgebirgsvorland vorgenommen.

Für den operativen Beregnungseinsatz entstand in der DDR durch enge Zusammenarbeit zwischen dem Forschungszentrum für Bodenfruchtbarkeit der Akademie der Landwirtschaftswissenschaften, dem Meteorologischen Dienst und dem Institut für Wasserwirtschaft ein Beratungssystem, dessen Modellansätze nur mittels elektronischer Datenverarbeitung lösbar sind. 1983 wurden auf diese Weise 348 Pflanzenproduktionsbetriebe mit Beregnungsanlagen regelmäßig beraten. Damit erfaßte das Beratungssystem rund 300 Tha bzw. knapp 70% der für die Beregnung erschlossenen Fläche. Die Beregnungsbetriebe melden wenigstens einmal je Woche für die einzelnen Schläge den Entwicklungsstand der Kulturen, die Niederschlagshöhe und die erfolgten Beregnungs-

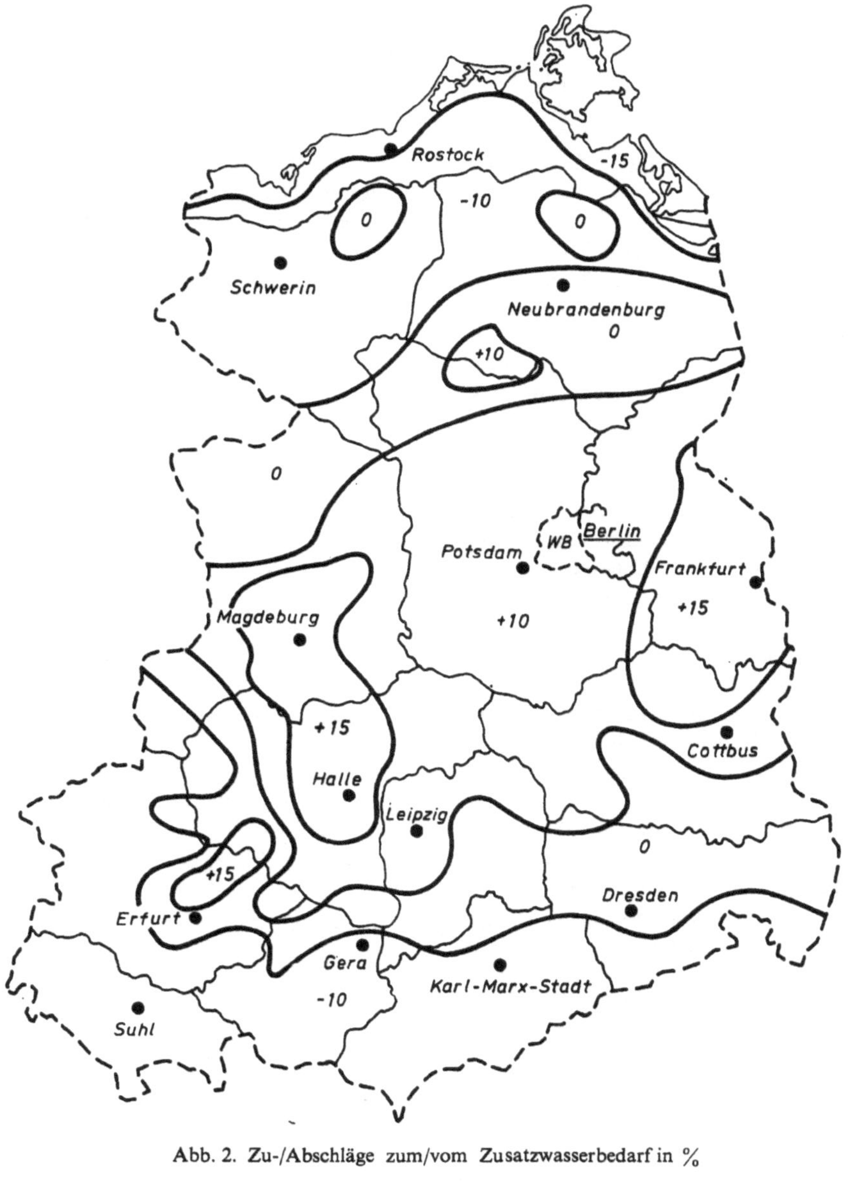

Abb. 2. Zu-/Abschläge zum/vom Zusatzwasserbedarf in %

maßnahmen an regionale Beratungsgruppen, wovon insgesamt 9 bestehen. Dort werden die Betriebsmeldungen geprüft, zusammengestellt und einem zentralen Rechenzentrum der Akademie der Wissenschaften übermittelt. Als Nachrichtenmittel werden hauptsächlich Fernschreibverbindungen genutzt. Die für das Beratungssystem erforderlichen meteorologischen Eingangsdaten werden zentral von der Gruppe Agrarmeteorologische Beratung an der Zentralen Wetterdienststelle zusammengestellt und ebenfalls an das zentrale Rechenzentrum übermittelt.

Zu Beginn der Vegetationsperiode wird als Ausgangsbasis auf der Grundlage der Bodenfeuchtemessungen eine Berechnung der Bodenwasservorräte für die wichtigsten Bodenarten für Schichten von jeweils 30 cm bis zu einer Tiefe von 150 cm vorgenommen. Das Gebiet der DDR ist für diesen Zweck und für die sich anschließende operative Beratungstätigkeit in 18 hydrologisch weitgehend einheitliche Regionen untergliedert. Jeder dieser Region ist eine repräsentative Verdunstungsmeßstelle zugeordnet (Abb. 3). Die Verdunstungsmessung erfolgt mittels Verdunstungskesseln mit einer Wasseroberfläche von 3 m^2. Neben den Tagessummen der Verdunstungshöhe werden Vorhersagen der potentiellen Verdunstung nach TURC und der wahrscheinlichen Niederschlagshöhe, dem Produkt aus Niederschlagshöhe und Niederschlagswahrscheinlichkeit, für jeweils 5 Tage bereitgestellt. Diese Angaben beruhen auf den Ergebnissen der objektiven Mittelfristvorhersage. Für die Verdunstungsvorhersage bilden die Lufttemperaturvorhersagen, Normalwerte der relativen Luftfeuchte und spezielle Korrekturfaktoren die Grundlage. Die Verwendung von

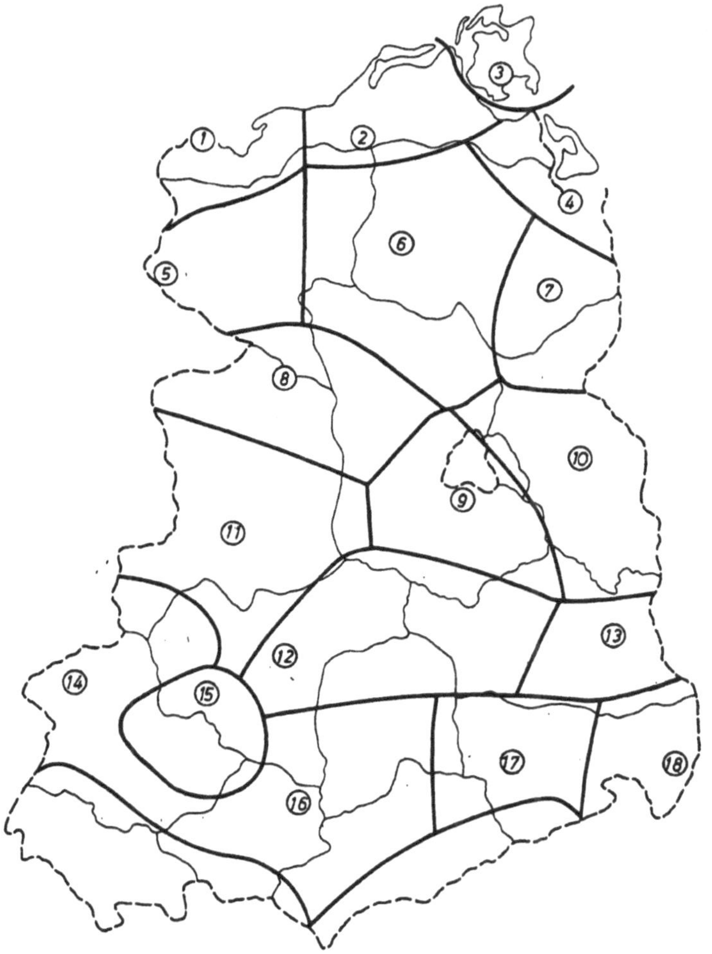

Abb. 3. Repräsentativstationen für die Regionen der EDV Beregnungsberatung

1 — Boltenhagen
2 — Groß Lüsewitz
3 — Putbus
4 — Ueckermünde
5 — Boizenburg
6 — Waren
7 — Grünow
8 — Seehausen
9 — Großbeeren
10 — Müncheberg
11 — Magdeburg
12 — Halle
13 — Bräsinchen
14 — Leinefelde
15 — Artern
16 — Gera
17 — Dresden
18 — Görlitz

Strahlungs- bzw. Winddaten ist infolge der im Vergleich zur Lufttemperatur unsicheren Vorhersagbarkeit nicht sinnvoll.

Von April bis September werden wöchentlich 4 agrarmeteorologische Datensätze, also je Beratungssaison rund 100, übermittelt. Da diese Informationen sofort weiterverarbeitet werden, kommt es auf absolute Fehlerfreiheit und Pünktlichkeit an. Aus der Gesamtheit der Einflußgrößen wird der Bodenfeuchtegang für jeden einzelnen Schlag, 1983 waren es 7866, berechnet. Daraus können dann Empfehlungen für Zeitpunkt, Höhe und Aufeinanderfolge der zusätzlichen Wassergaben bestimmt werden. Zusätzlich erlauben die Modellansätze Effektivitätsbetrachtungen zwischen den einzelnen Kulturen und Aussagen über die Abstimmung der Beregnung mit anderen landwirtschaftlichen Maßnahmen, wie Düngung, Pflanzenschutz und Ernte. Die Beregnungsbetriebe erhalten die entsprechenden schlagspezifischen Beregnungsempfehlungen 5 bis 8 Stunden nach Abgabe ihrer Betriebsmeldung.

Nach Untersuchungen des Forschungszentrums für Bodenfruchtbarkeit sind bei Anwendung dieses Beratungssystems jährliche Mehrerlöse von 50 M/ha und eine jährliche Wassereinsparung von 10 mm möglich. Für 1983 errechneten sich daraus Mehrerlöse von insgesamt rund 15 Millionen Mark und eine Wassereinsparung von rund 30 Millionen m^3. Ohne agrarmeteorologische Daten und Vorhersagen könnte das Beratungssystem nicht seine volle Wirksamkeit erreichen. Für den Anteil der meteorologischen Beratungsleistung am Gesamtnutzen ist es international üblich, einen Erfahrungswert von 2% anzusetzen. Das wären immerhin 300 TM Mehrerlös und 0,6 Millionen m^3 Wassereinsparung. Die für die Beratung beim Meteorologischen Dienst entstehenden Kosten liegen nur bei 20 TM, woraus sich ein Kosten-Nutzen-Verhältnis von 1 zu 15 ergibt. Hieraus wird die hohe Effektivität einer gezielten Beratung der Volkswirtschaft zusätzlich verdeutlicht. Das in der DDR erprobte System der Beregnungsberatung diente außerdem als Vorbild für den Aufbau und die Organisation weiterer zentraler Beratungsleistungen für unsere sozialistische Landwirtschaft.

Bewässerungsbetriebe, die nicht dem Beratungssystem angeschlossen sind, und Kleinproduzenten werden durch die agrarmeteorologische Beratung mit wöchentlichen Bewässerungshinweisen in der Presse versorgt. Sie enthalten die Bezirkswerte der Verdunstung für die zurückliegende Woche und eine Analyse der Niederschlagsversorgung und der Bodenwasservorräte. Weiter sind darin Angaben über die voraussichtlichen Lufttemperaturen, die zu erwartenden Verdunstungswerte und die Niederschlagswahrscheinlichkeit veröffentlicht. Es schließen sich Empfehlungen für die Gesamtheit der Bewässerungsmöglichkeiten an. Sie sind unterteilt für Pflanzenproduktion, Gemüseproduktion, Obstproduktion, Gülleeinsatz und Grundwasserregulierung. In dieser Beratungsform ist außerdem eine wichtige Ergänzung zum rechnergestützten Beratungssystem zu sehen, da hier Aussagen getroffen werden können, die die vorgegebenen Modellansätze nicht zulassen bzw. die sich aus einer relativ seltenen Witterungskonstellation aktuell ableiten.

Abgerundet wird das Bild über die agrarmeteorologischen Leistungen auf dem Gebiet der Bewässerung durch rückbetrachtende Analysen der Bewässerungsbedürftigkeit für Kontroll-, Auswerte- und Berichtszwecke. Nutzer dieser Informationen sind die staatliche Leitung, Beratungsdienste, Institute und auszugsweise die Öffentlichkeit.

Zusammenfassend kann festgestellt werden, daß es in der DDR gelungen ist, die Agrarmeteorologie mit ihren Leistungsmöglichkeiten voll in ein von der Landwirtschaft getragenes Beratungssystem auf dem Gebiet der Bewässerung zu integrieren. Dabei wurden Lösungen gefunden, die die auf beiden Seiten vorhandenen Kapazitäten mit relativ geringem Aufwand zusammenführen. Mit den damit gewonnenen Erfahrungen wird es möglich sein, ein künftiges integriertes Beratungssystem zu entwickeln, welches weitere landwirtschaftliche Maßnahmen mit erhöhter Witterungsabhängigkeit einbezieht.

Neue Aspekte und Anforderungen bei der Nutzung meteorologischer Daten und Informationen in der Hydrologie und Wasserbewirtschaftung

von A. BECKER und M. RACHNER

1. Allgemeine Bedeutung meteorologischer Eingangsgrößen für die Hydrologie und Wasserbewirtschaftung

Die Bedeutung der Meteorologie für die Hydrologie und Wasserwirtschaft ergibt sich aus der Stellung der hydrometeorologischen Größen Niederschlag und Verdunstung im Wasserkreislauf und aus der Koppelung dieser Größen mit den hydrologischen Größen Wasserspeicherung und Abfluß. Die bestehende Koppelung ist durch eine klare kausale Abhängigkeit der hydrologischen von den hydrometeorologischen Größen gekennzeichnet.

Niederschlag und Verdunstung (bzw. die die Verdunstung bestimmenden Klimagrößen) sind die Haupteingangsgrößen der hydrologischen und wasserwirtschaftlichen Systeme und als solche Hauptsteuergrößen für die in diesen ablaufenden hydrologischen, Wassernutzungs- und -bewirtschaftungsprozesse.

Zur Verdeutlichung der bestehenden Verknüpfungen und damit der Bedeutung der meteorologischen Größen und Prozesse für die Hydrologie und Wasserbewirtschaftung ist in Abb. 1 eine schematische Übersicht gegeben.

Bei der Wasserbewirtschaftung werden zwei Aufgabengebiete unterschieden, bei denen die in Abb. 1 dargestellten Zusammenhänge unterschiedlich berücksichtigt werden:

— Operative Aufgaben, insbesondere Echtzeitvorhersage und -steuerung der hydrologischen und wasserwirtschaftlichen Prozesse.
— Langfristige Aufgaben in Verbindung mit der Planung wasserwirtschaftlicher Maßnahmen und der Bemessung wasserwirtschaftlicher Anlagen.

Für jedes dieser Aufgabengebiete ergeben sich spezifische Anforderungen an die Meteorologie, auf die im folgenden in den betreffenden Abschnitten näher eingegangen wird.

2. Eingangsdatenbereitstellung für kurzfristige hydrologische Vorhersagen und die darauf gestützte Steuerung wasserwirtschaftlicher Anlagen

2.1. Kurzcharakteristik vorhandener Durchflußvorhersagemodelle

Operative hydrologische Vorhersagen, d. h. Echtzeitvorhersagen wichtiger hydrologischer Größen, wie des Durchflusses in den Flüssen, im Kurz- und Kürzestfristbereich (Now-casting) sind speziell in Hochwasserent-

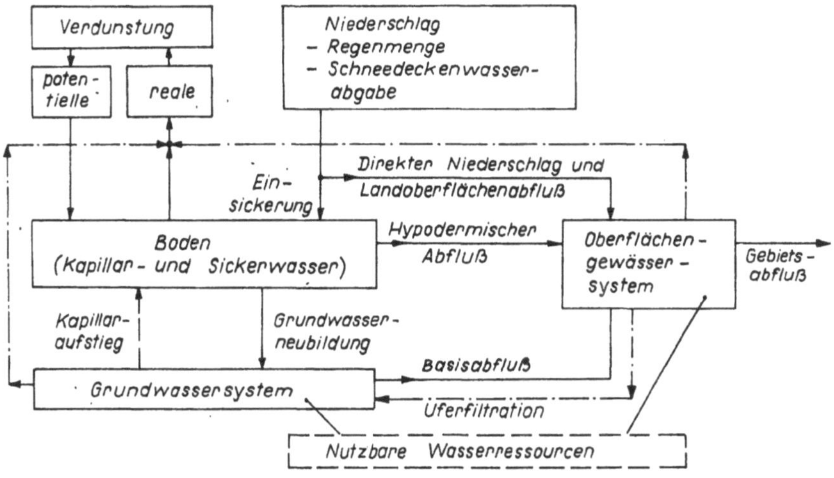

Abb. 1. Schema zum Gebietswasserhaushalt und zu den wichtigsten Kausalzusammenhängen

stehungsperioden von außerordentlich großer Bedeutung für die Volkswirtschaft. Deshalb sind in den letzten Jahrzehnten in beachtenswerter Breite und Vielfalt mathematische Modelle für Flußeinzugsgebiete entwickelt worden, mit deren Hilfe rechnergestützt aus vorgegebenen Niederschlägen (und ggf. Verdunstungswerten) die zu erwartenden Gebietsabflüsse berechnet und vorhergesagt werden können. In ihrer Struktur sind diese Modelle der in Abb. 1 dargestellten Prozeßfolge angepaßt (vgl. z. B. Abb. 2), wobei unterschiedliche Detailliertheitsgrade hinsichtlich der berücksichtigten Teilsysteme und der flächenhaften Untergliederung der betrachteten Flußeinzugsgebiete zugrunde gelegt werden. Als wichtigste in der DDR zur Anwendung kommende Modelle sind zu nennen:

a) Koaxiale graphische Starkniederschlags-Abfluß-Beziehungen (Bodegebiet, Rödergebiet) bzw. ihnen entsprechende analytische Beziehungen (oberes Spreegebiet).
b) Abflußbeiwertverfahren mit kontinuierlicher Nachführung des Abflußbeiwertes r in Koppelung mit Differenzengleichungsmodellen (Werragebiet).
c) Konzeptionelles Modell LONIDU mit speziellen nichtlinearen Ansätzen für die Beziehung zwischen dem Niederschlag und dem sich ergebenden Abfluß (obere Saale, Ilm, Unstrut).
d) Konzeptionelles Modell EGOP, als spezielle Echtzeitvorhersagemodellversion des Einzugsgebietsmodellsystems EGMO, das die in Abb. 1 dargestellten Teilsysteme und die entsprechenden Abflußkomponenten mit relativ einfachen Ansätzen separat erfaßt und eine flächenhafte Untergliederung des Einzugsgebietes nach Teilflächen mit unterschiedlichem Abflußbildungsregime berücksichtigt (Teilgebiete der oberen Spree, vgl. Abb. 2).

Alle genannten Vorhersagemodelle enthalten sog. Nachführungsprozeduren bzw. Modellkomponenten mit adaptivem Verhalten, die bei Echtzeitvorhersagen gewährleisten, daß die Durchflußvorhersagen an die letzten verfügbaren Meßwerte der Vorhersagegrößen anknüpfen bzw. optimal an sie angepaßt (nachgeführt) werden. Diese Modelleigenschaft kann am einfachsten an Hand des Differenzengleichungsmodells (1) erläutert werden, das als finales Teilmodell in den oben unter b) und d) genannten Modellen zur Anwendung kommt:

$$Q(M) = \sum_{I=1}^{IM} A(I) \cdot Q(M - I) + \sum_{I=IT}^{NR} B(I) \cdot PE(M - I) . \quad (1)$$

Eingangsgrößen dieses Modells sind die letzten Meßwerte des Durchflusses Q am Vorhersagepegel, über die die abflußfähige Wasserspeicherung im Gebiet erfaßt und die Adaptivität des Modells (Nachführung der Vorhersagen) erreicht wird.

Der zweite Komplex notwendiger Eingangsgrößen sind die Effektivniederschläge PE, die den zum Abfluß kommenden Anteil am Niederschlag repräsentieren. $A(I)$ und $B(I)$ sind konstante Koeffizienten, IM ist die Zahl der zu berücksichtigenden Durchflußwerte der Vergangenheit (meist $\leqq 2$), IT die Zahl der Totzeitordinaten und NR die Zahl der Ordinaten bis zum Rückgangswendepunkt der Impulsantwort des Oberflächenabflußsystems des Bearbeitungsgebietes.

2.2. Besondere Anforderungen an die Niederschlagserfassung und -vorhersage in Hochwasserentstehungsphasen

Über die Effektivniederschläge PE in Gleichung (1) wird die Abhängigkeit der Durchflüsse Q vom Niederschlag, d. h. von der pro Berechnungsintervall DT anfallenden Regenmenge oder Schneedeckenwasserabgabe P, erfaßt. Dabei ist es so, daß PE bei stark aufgefeuchtetem Einzugsgebiet etwa gleich P ist ($r = PE/P \to 1$), während nach längeren Trockenperioden Werte nahe

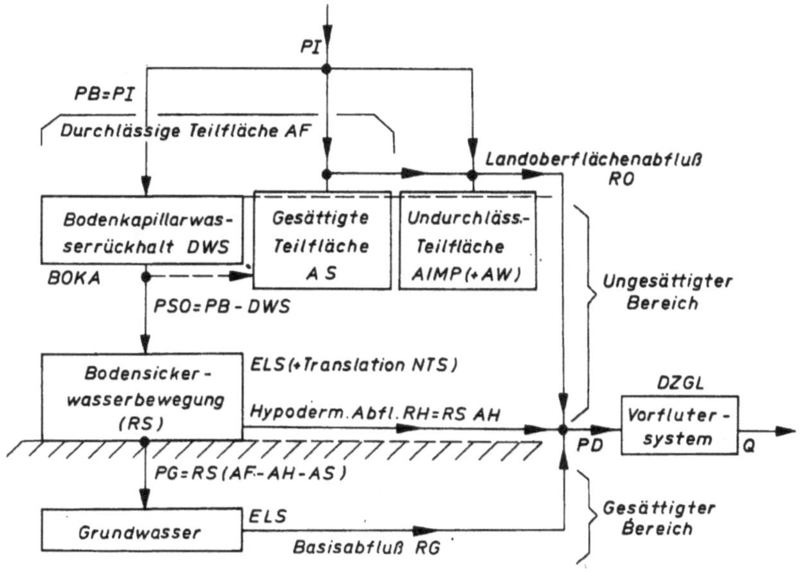

Abb. 2. Strukturschema der Einzugsgebietsmodellversion EGOP

Null auftreten können ($r = PE/P \rightarrow 0$; d. h. $0 \leqq r \leqq 1$). Daraus folgt, daß die Genauigkeit und Zuverlässigkeit der Durchflußvorhersagen gerade in Perioden intensiver Abflußbildung in entscheidendem Maße von der Genauigkeit der ermittelten Niederschläge abhängt. Fehler, die bei der Messung bzw. Ermittlung der fallenden Regenmenge bzw. Schneedeckenwasserabgabe oder bei ihrer flächenhaften Verallgemeinerung (Gebietsmittelbildung o. ä.) gemacht werden, wirken sich direkt negativ auf die Qualität der Durchflußvorhersagen aus. Analoges gilt für die Vorhersage zu erwartender intensiver Niederschläge, und zwar aus folgenden Gründen:

In vielen Gebieten, vor allem in kleineren Hochwasserentstehungsgebieten mit Flächengrößen bis ca. 300 km², vergehen vom Fallen eines hochwassererzeugenden Starkniederschlages bis zum Eintritt des Hochwasserscheitels am Abflußpegel des Gebietes nur wenige Stunden (ca. 2 bis 15 h je nach Gebietsgröße). Es ist klar, daß diese Zeit für eine

— rechtzeitige Hochwasservorhersage und -warnung,
— Räumung bzw. Sicherung gefährdeter Objekte und Gebiete,
— rechtzeitige und entsprechend wirkungsvolle Steuerung von Talsperren, speziell Vorentlastung zur Schaffung des für einen wirkungsvollen Hochwasserrückhalt notwendigen Speicherraums

oft zu kurz ist. Deshalb geht es prinzipiell darum, alle bestehenden Möglichkeiten zur Erhöhung der Genauigkeit einer flächendeckenden Niederschlags- und Schneedeckenwasserabgabeermittlung sowie der Qualität einer möglichst zuverlässigen quantitativen Niederschlagsvorhersage, vor allem in den wichtigen Hochwasserentstehungsgebieten und im Kurz- bis Kürzestfristbereich (6 h, 12 h, 24 h, 48 h) umfassend zu nutzen. Als Hauptwege werden dabei gesehen:

— die Inbetriebnahme eines Netzes automatischer fernübertragender Niederschlagsmeßstellen,
— der Aufbau spezieller Meß- und Meldesysteme für Extremsituationen (Hochwasser, Unwetterereignisse),
— die schrittweise Nutzbarmachung moderner Fernmeßtechniken, für flächendeckende Niederschlagsermittlungen, speziell der Radartechnik,
— die Anwendung modell- und rechnergestützter Methoden zur Berechnung und Vorhersage der Schneedeckenwasserabgabe in Schneeperioden,
— die Praxisnutzbarmachung neuer Verfahren zur quantitativen Niederschlagsvorhersage.

Auf einige hierzu durchgeführten Arbeiten bzw. den erreichten Entwicklungsstand wird nachfolgend kurz eingegangen.

2.3. Die Gewinnung von Niederschlagsdaten

Aus dem zuvor charakterisierten Bedarf der Wasserwirtschaft an Niederschlagsdaten leitet sich die Forderung ab nach einer Verdichtung des Netzes bzw. bestimmter Netzteile mit im Echtzeitbetrieb (rt) verfügbaren Niederschlagsdaten anforderungsgerechter zeitlicher Auflösung (6 h, tw. 3 h) speziell in hydrologischen Schwerpunktgebieten.

Das Netz der meteorologischen Bodenstationen umfaßt zur Zeit (Stand 1. 1. 1984):

29 Meteorologische Hauptstationen (MHS), die ständig besetzt sind,
27 Meteorologische Nebenstationen (MNS), die von Montag bis Freitag tagsüber besetzt sind,
1 Meteorologische Registrierstation (MRS),
84 Meteorologische Ergänzungsstationen (MES),
1498 Niederschlagsmeßstellen des Meteorologischen Dienstes (NMST),
77 Niederschlagsmeßstellen an Einrichtungen der Wasserwirtschaft (NMST/WW).

Damit stehen von über 1700 Stationen und Meßstellen Niederschlagsdaten zur Verfügung (durchschnittlicher Meßstellenabstand = 8,2 km), entsprechend 1 Meßstelle pro ca. 67 km². Die Netzdichte für die mit einem Regenschreiber ausgerüsteten Stationen und Meßstellen beträgt ein Gerät pro 1000 km².

Hinsichtlich der Dichte des Netzes mit rt-verfügbaren Niederschlagsdaten für hydrologische Echtzeitvorhersagen bestehen merkliche regionale Unterschiede. Insgesamt sind ca. 50 Meteorologische Haupt-, Neben- und Registrierstationen in den ständigen Wettermeldedienst einbezogen. Etwa 40 Stationen davon sind mit automatischen fernübertragenden Niederschlagsmeßgebern ausgestattet (zusätzlich zu konventionellen HELLMANN-Niederschlagsmessern).

Für die Niederschlagsmeßstellen an Einrichtungen der Wasserwirtschaft in den Haupthochwasserentstehungsgebieten ist neben der Meldung der Tagessummen der Niederschlagshöhe auf besondere Aufforderung (bei Hochwasser u. ä.) auch die Messung und Meldung von 6-Stunden-Summen als Eingangsgröße für operative Abflußvorhersagen vorgesehen, außerdem die Sofortmeldung von Niederschlagshöhen größer als 15 mm (RESCH-Meldesystem). Damit steht für die operative hydrologische Echtzeitvorhersage ein Netz von ca. 120 Niederschlagsmeßstellen zur Verfügung, von denen sich rund 100 im Bereich der Mittelgebirge und Gebirgsvorländer als den Haupthochwasserentstehungsgebieten befinden. Dieses Netz müßte zweifellos noch verdichtet werden, u. a. durch Einsatz von Automatischen Fernmeldenden Niederschlagsmessern (AFN). Einer umfassenden Automatisierung des Niederschlagsmeßnetzes sind jedoch Grenzen gesetzt, weshalb modernen flächendeckenden Niederschlagsermittlungstechniken, auf die im folgenden Abschnitt eingegangen wird, besondere Bedeutung zukommt.

Für Zwecke der Hochwasserwarnung besteht bereits seit Jahrzehnten der NST-Meldedienst. Rund 250 Meteorologische Stationen und Niederschlagsmeßstellen sind in diesen Dienst einbezogen. Meldungen werden bei Erreichen bzw. Überschreiten festgelegter Schwellenwerte der Niederschlagshöhe bzw. im Winter bei Vorhandensein einer Schneedecke dreimal wöchentlich (in Gefahrensituationen täglich) an bestimmte Empfänger abgesetzt. Wegen ihres unregelmäßigen Einganges (ereignisbedingt und wegen der aus der Mitwirkung nebenamtlicher Beobachter resultierenden Probleme) haben diese Meldungen jedoch kaum Bedeutung für Echtzeitvorhersagen des Durchflusses.

2.4. Techniken zur flächendeckenden Echtzeitüberwachung und -vorhersage des Niederschlages

Mit der Einführung der Radar- und Satellitentechnik wurden sehr hohe Erwartungen auch hinsichtlich der quantitativen Erfassung und Vorhersage extremer abflußerzeugender Niederschläge verknüpft. Unbestritten ist die große Bedeutung beider Techniken für die operative aktuelle Analyse der Wettererscheinungen und -prozesse, einschließlich des Niederschlagsprozesses, wie auch für die Wettervorhersage.

Bei der quantitativen Niederschlagserfassung und -vorhersage gibt es jedoch nach wie vor eine Reihe von Problemen, die der bei abflußerzeugenden Niederschlägen angestrebten Erhöhung der Genauigkeit und Verlängerung des Zeitvorsprungs der Durchflußvorhersagen Grenzen setzen. Als Hauptgründe, speziell beim Einsatz der Radartechnik, sind zu nennen:

— die rein meßtechnisch bedingten Begrenzungen des Einsatzes der verfügbaren Radargeräte für quantitative Niederschlagsermittlungen,
— die Notwendigkeit der Koppelung der Radargeräte mit leistungsfähigen Rechnern bzw. Rechnersystemen zur nutzergerechten Verarbeitung der empfangenen Radarechos, d. h. die bestehenden Probleme bei der Beschaffung und Inbetriebnahme entsprechender Rechentechnik,
— die Notwendigkeit der kurzfristigen koordinierten bzw. zusammengefaßten digitalen Verarbeitung von Radar- und Satellitendaten gemeinsam mit bodengebunden gewonnenen, in die Radar- und Rechenzentrale übertragenen Beobachtungsdaten, wobei die AFN für die Radareichung besondere Bedeutung haben.

Es werden beachtliche Anstrengungen zur Überwindung dieser Probleme und zum Aufbau eines entsprechenden Systems unternommen, da dies eine schnellere, räumlich und zeitlich detailliertere Erfassung gefährlicher und sich schnell entwickelnder Wetterprozesse, speziell des Niederschlagsprozesses, ermöglicht. Eine wichtige Realisierungsetappe soll bis 1990 abgeschlossen werden.

2.5. Derzeitige Praxis quantitativer Niederschlagsvorhersagen

Um bereits jetzt den Anforderungen der Hydrologie und Wasserwirtschaft besser gerecht zu werden, wurde seitens des Meteorologischen Dienstes zunächst eine „Niederschlagswahrscheinlichkeitsvorhersage“ eingeführt, die folgende Angaben umfaßt:

— Überschreitungswahrscheinlichkeiten für das Auftreten von Niederschlägen größer als
  a) 0,0 mm, b) 5 mm, c) 15 mm,
— Mode-Wert (wahrscheinlichster zu erwartender Gebietsniederschlag).

Die Vorhersagen werden jeweils für die zwei bevorstehenden 6-h-Intervalle und für das darauffolgende 12-h-Intervall, also insgesamt für 24 h im voraus gegeben. Das Testgebiet ist dabei der Südwestteil der DDR mit den Flußgebieten der Saale/Unstrut und Werra.

Nach der bisherigen etwa zweijährigen Erprobung dieser Niederschlagswahrscheinlichkeitsvorhersagen kann man feststellen, daß sich für die Hydrologie und Wasserwirtschaft, ungeachtet der generell bekannten Probleme und Unsicherheiten jeder quantitativen Niederschlagsvorhersage, eindeutige Vorteile bei der vorausschauenden Lageeinschätzung und der Einleitung notwendiger Maßnahmen ergeben haben. Die Form der Vorhersagen wurde jedoch von den Verantwortlichen für die hydrologischen Vorhersagen als nicht sehr zweckmäßig empfunden, da die hydrologischen Vorhersagemodelle mit definierten Niederschlagswerten als Eingang arbeiten. Deshalb wurde auf Initiative des Instituts für Wasserwirtschaft in einer beispielhaften konstruktiven Kooperation von der Zentralen Wetterdienststelle und dem Amt für Meteorologie Leipzig in Abstimmung mit der Wasserwirtschaftsdirektion Saale-Werra eine methodische Umorientierung auf sog. „quantilbezogene Niederschlagsvorhersagen“ vorgenommen. Danach werden zukünftig diejenigen Niederschlagshöhen als Gebietsmittelwerte für vorgegebene Flußeinzugsgebiete vorhergesagt, die mit einer Wahrscheinlichkeit von 90, 50 bzw. 10% erreicht oder überschritten werden. Mit diesen Vorhersagewerten kann direkt in die hydrologischen Vorhersagemodelle eingegangen und es können Durchflußvorhersagen in drei möglichen Varianten mit einer Überschreitungswahrscheinlichkeit von 90, 50 bzw. 10% berechnet werden. In bestimmten meteorologischen Situationen, in denen zwei alternative Wetterentwicklungen im Vorhersagegebiet möglich sind, wurde außerdem die Möglichkeit der Herausgabe von 2 entsprechenden Prognoseverteilungen gewährt (niederschlagsarme und niederschlagsreiche Version).

Erste Prognosetests ergaben, daß die neue Form der Vorhersagen vom verantwortlichen Meteorologen zwar eine Umstellung erfordert, ihm aber auf Grund der „Von-bis-Spannen-Betrachtung“ teilweise sogar leichter fällt und keinesfalls zu schlechteren Vorhersagen führt. (Über die erzielten Testergebnisse und die bisher gesammelten Erfahrungen wird gesondert berichtet werden.)

2.6. Berechnung und Vorhersage der Schneedeckengenese, insbesondere der Schneedeckenwasserabgabe in Schmelzperioden

Bei Vorhandensein einer Schneedecke wird deren Wasserabgabe als Eingangsgröße der Durchflußvorhersagemodelle benötigt, wobei fallende flüssige Niederschläge implizit mit zu berücksichtigen sind. Für die Einzugsgebiete der Mittelgebirge der DDR wird dazu seit Mitte der 70er Jahre das Modellkonzept SMELT zur Bestimmung des Istzustandes und der flächenhaften Verteilung des Wasseräquivalents der Schneedecke sowie zur Vorausberechnung der Schneedeckenentwicklung angewendet.

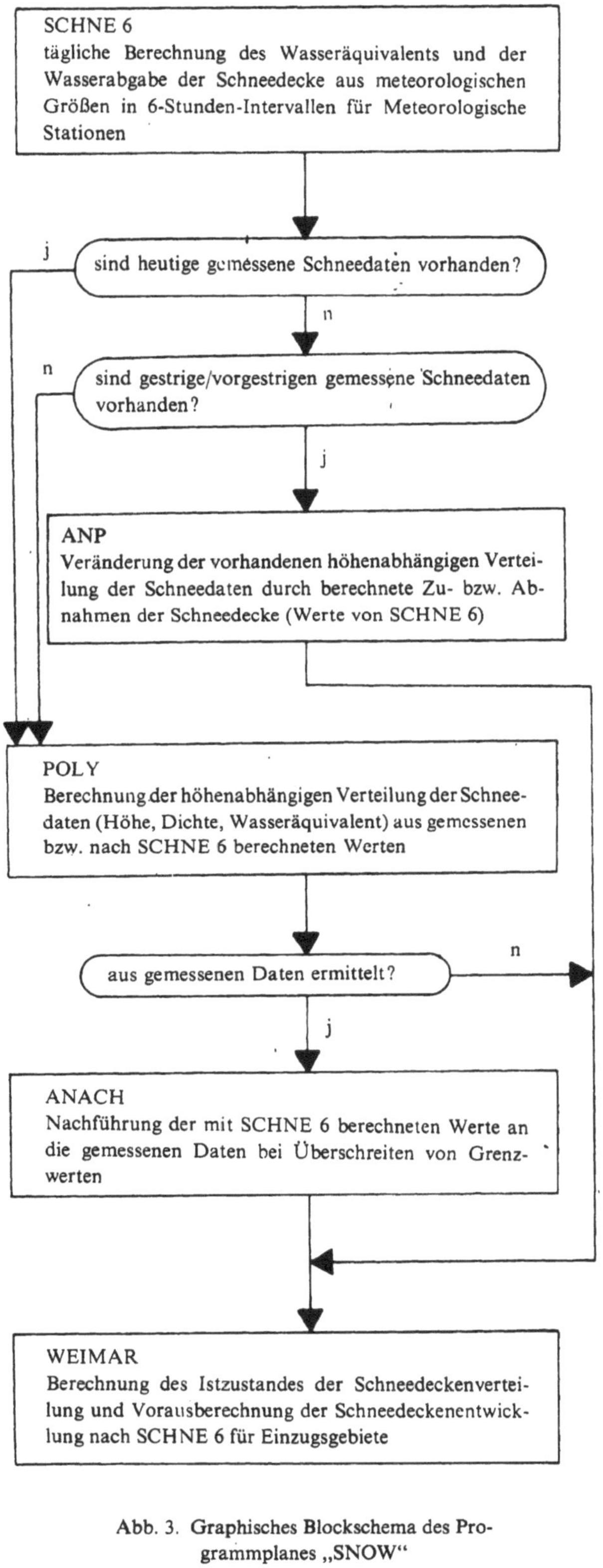

Abb. 3. Graphisches Blockschema des Programmplanes „SNOW"

Die Berechnungen stützen sich im wesentlichen auf die Messungen ehrenamtlicher Beobachter (WIN-Meldedienst), die dreimal wöchentlich die von ihnen gemessenen Schneehöhen und Schneedichten melden. Zur Vorausberechnung der Schneedeckenentwicklung in der Abbauphase, die in 6-Stunden-Intervallen für 4 Tage im voraus erfolgt, werden alle meteorologischen Größen, die als Eingangsgrößen des Schneeschmelzmodells dienen, vorgegeben (Lufttemperatur, Niederschlag, Strahlung).

Zur Zeit befindet sich das Konzept SNOW in der Entwicklung, das den gesamten Entwicklungsprozeß der Schneedecke kontinuierlich und in stärkerem Maße automatisch simuliert. Die Echtzeitinformationen der Meteorologischen Stationen dienen als Grundlage der täglich in 6-Stunden-Schritten durchzuführenden Berechnungen und die Meßergebnisse der WIN-Meldestellen zur Sicherung und „Nachführung" bzw. Anpassung der Berechnungsergebnisse an die realen Verhältnisse (siehe Abb. 3). Damit soll die kombinierte, bestmögliche Nutzung aller verfügbaren Informationen zur Gewährleistung genauer Vorhersagen sowie die rasche und kontinuierliche Verfügbarkeit der Berechnungsergebnisse erreicht werden.

Die Vorausberechnung erfolgt wie beim Konzept SMELT mit Hilfe vorhergesagter Werte der meteorologischen Eingangsgrößen des Schneemodells.

2.7. Beispiel einer Abflußvorhersage aus Niederschlägen

Zur Verdeutlichung der Leistungsfähigkeit des in Abb. 2 dargestellten Einzugsgebietsmodells EGOP und der bei Echtzeitvorhersagen auftretenden Probleme ist in Abb. 4 das Berechnungsergebnis einer simulierten 6-Stunden-Vorhersage des Durchflusses am Pegel Särichen/Weißer Schöps beim komplexen Starkregenhochwasser im Juli 1981 gezeigt und den vorliegenden Beobachtungswerten gegenübergestellt. Auffallend ist die ausgezeichnete Simulationsgüte bereits ohne Nachführung der Vorhersage (schräge Kreuze) bei der dritten Welle und in wesentlichen Teilen auch bei der ersten Welle. Die großen Abweichungen im Scheitelbereich der ersten Welle können in Fehlern der Durchflußmeßwerte begründet sein.

Weniger befriedigend sind dagegen die um 1 Berechnungszeitintervall, also um 6 Stunden, zu späte Vorhersage der zweiten Welle sowie die zwar zeitlich korrekte, aber deutlich zu niedrige Vorhersage der vierten Welle. Bei beiden Wellen entsprechen die berechneten Wellen weit angemessener den als Modelleingang zugrunde gelegten, oben in Abb. 4 dargestellten Niederschlägen als die gemessenen. Deshalb ist zu vermuten, daß der reale Gebietsniederschlag bei der zweiten Welle stärker auf das 23. Niederschlagsintervall konzentriert war und weniger auf das 24., d. h., die verfügbaren Stationsmeßwerte sind für den realen Gebietsniederschlag nicht ausreichend repräsentativ. Analoges gilt wahrscheinlich auch bei der vierten Welle, bei der die verursachenden Niederschläge (ab dem 34. Berechnungszeitintervall) entsprechend dem beobachteten Durchflußanstieg etwas intensiver gewesen sein müßten. Es ist anzunehmen, daß in beiden Fällen durch Anwendung einer flächendeckenden Niederschlagsermittlung (z. B. mit Radar) realere Angaben über die gefallenen Niederschläge ge-

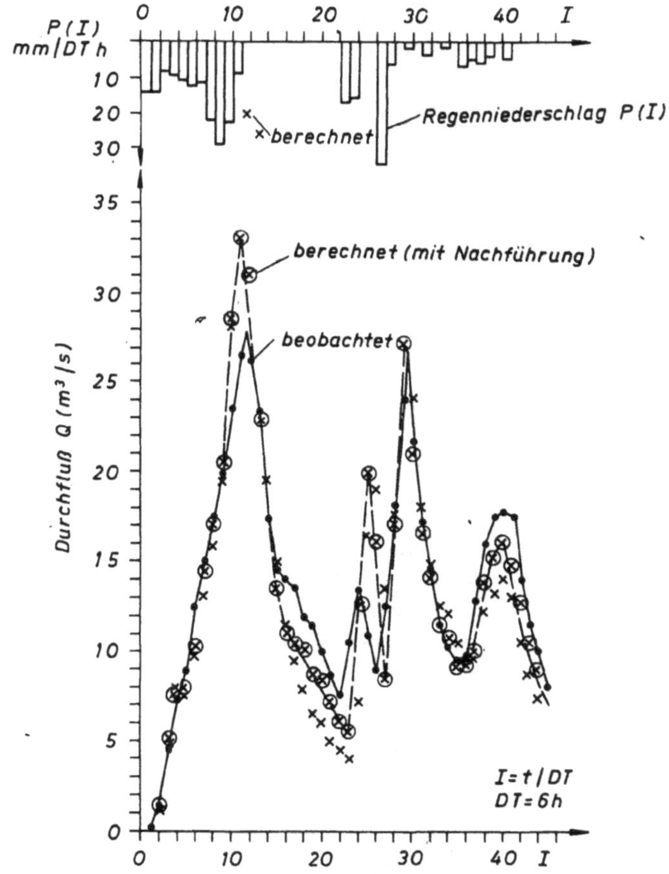

Abb. 4. Beobachtete und berechnete Hochwasserabflüsse eines Testgebietes im oberen Spreegebiet (A_E = 126 km², 18. 7.—31. 7. 1981)

wonnen und die charakterisierten Vorhersagefehler vermieden worden wären.

Bemerkenswert ist, daß der Vorhersagefehler bei der vierten Welle durch die Anwendung des adaptiven Modells gemäß Gl. (1) voll kompensiert wird (zumindest bei den 6stündigen Vorhersagen), während die Nachführungseigenschaft des Modells auf Grund des Zeitfehlers bei der Vorhersage der zweiten Welle zunächst sogar eine Vergrößerung des Vorhersagefehlers zur Folge hat (vertikale Kreuze in Abb. 4). Dieses Phänomen kann vor allem bei steilem Hochwasseranstieg auftreten.

3. Meteorologische Eingangsgrößen für Langfristbewirtschaftungs-, Planungs- und Bemessungsuntersuchungen in der Wasserwirtschaft

3.1. Zunehmende Bedeutung langer Meßreihen wichtiger meteorologischer Größen

In der Vergangenheit wurden bei der Lösung wasserwirtschaftlicher Bilanzierungs-, Planungs- und Bemessungsaufgaben in den allermeisten Fällen vorhandene Durchflußmeßreihen bzw. unter Verwendung derselben simulierte lange Reihen der benötigten Wasserdargebotsgrößen zugrunde gelegt. Diesem Herangehen sind in zunehmendem Maße Grenzen gesetzt, weil das hydrologische Regime in den Gewässern zunehmenden anthropogenen Einflüssen unterliegt, wodurch die hydrologischen Meßreihen inhomogen werden, so daß ihre Verwendbarkeit für prognostische Aussagen mehr und mehr in Frage gestellt ist. In einigen Flußgebieten, z. B. im bergbaubeeinflußten Spreegebiet, mußte deshalb bereits zur modellgestützten Erzeugung von Zeitreihen des Wasserdargebotes aus langen Niederschlagsreihen mit Hilfe deterministischer Flußeinzugsgebietsmodelle übergegangen werden.

Den vorliegenden Niederschlagsmeßreihen kommt damit immer häufiger die Rolle von Basisreihen für wasserwirtschaftliche Planungs- und Bemessungsentscheidungen zu. Ihre umfassende Analyse hinsichtlich des raum-zeitlichen Schwankungsverhaltens des Niederschlages, einschließlich der Aufdeckung langfristiger Trends und auftretender Extreme, und die darauf gestützte stochastische Simulation (Erzeugung) langer Niederschlagsreihen für Flußgebiete werden dadurch immer wichtigere Teilaufgaben bei der Lösung von Planungs- und Bewirtschaftungsaufgaben in Flußgebieten mit intensiver Wassernutzung und zunehmender anthropogener Beeinflussung der Wasserressourcen.

Dies gilt auch, und im besonderen Maße dann, wenn die Auswirkungen möglicher Klimatrends auf das hydrologische Regime und die Wasserbewirtschaftung mit erfaßt werden sollen. Solche Trends, seien sie natürlichen Ursprungs oder ebenfalls durch anthropogene Einflüsse hervorgerufen, müssen bei der stochastischen Simulation der Niederschlagsreihen in geeigneter Weise berücksichtigt werden, z. B. über eine zu erwartende „Drift" der Monatsmittelwerte, der Streuung o. ä.

3.2. Zur Sicherung langer Niederschlagsmeßreihen

Zur Sicherung und Erhaltung der vorhandenen längeren Datenreihen des Niederschlages wurden seitens des Meteorologischen Dienstes der DDR folgende Maßnahmen eingeleitet:

- Vollständige Bestandsaufnahme aller mindestens 50-jährigen Reihen,
- Ergänzung vorhandener Lücken und Homogenitätsprüfung der Reihen,
- Dokumentation der Datenreihen, einschließlich Meßstellendokumentation,
- Sicherung der Erhaltung und Weiterführung der längeren Reihen,
- Abspeicherung des Datenmaterials auf maschinenlesbaren Datenträgern.

Die erstgenannte Aktivität ist bereits abgeschlossen, alle weiteren werden schrittweise realisiert. Der erreichte Stand kann kurz wie folgt charakterisiert werden:

- Für sechs Niederschlagsmeßstellen der DDR mit 70- bis über 100jährigen Reihen von Tageswerten des Niederschlages liegen die Meßwerte auf Magnetband abgespeichert, d. h. maschinenlesbar, vor.

- Nach vorliegenden Erhebungen sind für mehr als 100 Meßstellen mindestens 50jährige Meßreihen vorhanden. Diese werden systematisch erfaßt und gesichert.
- Zur detaillierten Untersuchung des räumlichen und zeitlichen Schwankungsverhaltens des Niederschlages werden für ca. 500 Meßstellen mit durchgehenden Beobachtungsreihen von Tageswerten des Niederschlages ab 1951 die vorliegenden Daten als lückenloses homogenes Material erfaßt und schrittweise auf Magnetband abgespeichert. Die Abspeicherung eines großen Teils der Daten für den Zeitraum ab 1969 ist bereits abgeschlossen. Für alle anderen Daten ist ein Sonderprogramm zur etappenweisen Abspeicherung angelaufen. Auf Magnetband verfügbar sind derzeit die durchgehenden Reihen 1951/80 der Monatsniederschläge aller dieser Meßstellen.

Als Grundlage für die Berechnung von Bemessungshochwassern wurden außerdem detaillierte Flächen-Niederschlagshöhe-Dauer-Untersuchungen für ergiebige Niederschläge durchgeführt, deren Ergebnisse allgemein nutzbar zur Verfügung stehen.

Damit ist insgesamt eine gute Grundlage für die Lösung der zuvor charakterisierten Aufgaben gegeben.

4. Schlußbemerkung

Aus den vorstehenden Darlegungen wird deutlich, daß sich steigende Anforderungen der Wasserwirtschaft an die Meteorologie ergeben. Dies betrifft einerseits die Bereitstellung von Echtzeitinformationen zur Erhöhung der Genauigkeit und Zuverlässigkeit sowie des Zeitvorsprungs operativer hydrologischer Vorhersagen als auch von langen Reihen wichtiger meteorologischer Größen, speziell von Niederschlägen und die Verdunstung bestimmenden Größen, als Grundlage für wasserwirtschaftliche Planungs- und Langfristbewirtschaftungsaufgaben.

Erste Erfolge wurden zu beiden genannten Aufgabengebieten bereits erzielt, doch sind weitere gemeinsame Anstrengungen seitens der Meteorologie und Wasserwirtschaft erforderlich, um ein den weiter steigenden Anforderungen der Volkswirtschaft gerecht werdendes Niveau zu erreichen. Hauptwege sind dabei:

- die umfassendere Nutzbarmachung neuer Meßtechniken,
- die Entwicklung und Praxiseinführung leistungsfähiger mathematischer Modelle und Arbeitsverfahren und
- die weitestmögliche Ausnutzung der Rechentechnik.

Aufgaben und Aktivitäten des Meteorologischen Dienstes der DDR für den Umweltschutz (Luft)

von G. DIETZE

Ende Juni des Jahres 1984 fand in München eine internationale Konferenz zu aktuellen Aufgaben der Umweltpolitik statt. Dort wurde der Zusammenhang zwischen Wettrüsten und Umweltschutz herausgestellt. Der Stellvertreter des Vorsitzenden des Ministerrates der DDR und Minister für Umweltschutz und Wasserwirtschaft, Dr. H. REICHELT, wies dort darauf hin, daß durch das Wettrüsten die Inangriffnahme längst herangereifter globaler Projekte des Umweltschutzes verhindert wird.

Wie müssen unter diesen Bedingungen die Aufgaben des Meteorologischen Dienstes im Umweltschutz ausgerichtet sein? Die Grundrichtung ist gegeben durch das Hauptziel der gesamten Menschheit, die Friedenserhaltung, und durch den einzigen Weg dorthin, die Stärkung der Friedenskräfte. In diesem Sinne sind auch die Aufgaben des Meteorologischen Dienstes auf dem Gebiet der Luftreinhaltung ausgerichtet auf die Stärkung unserer Volkswirtschaft und damit der Wirtschaftskraft des sozialistischen Lagers sowie auf die Gesundheit unserer Bevölkerung.

Die Einheit von Schutz und Nutzung einer Naturressource bedeutet auch für die Ressource Luft, daß es einer Optimierung bedarf.

Wenn nun, entsprechend der ökonomischen Strategie der DDR für die achtziger Jahre, bei steigender Produktion eine Minderung der Umweltbelastung erreicht werden soll, müssen die für staatliche Entscheidungen erforderlichen meteorologischen Unterlagen von höchster Qualität hinsichtlich wissenschaftlicher Zuverlässigkeit und praktischer Relevanz sein, um optimale Entscheidungen treffen zu können.

Die entsprechenden Aktivitäten des Meteorologischen Dienstes, die ich hier vorstellen will, kann man zu drei Komplexen zusammenfassen:

1. Imissionsüberwachung,
2. Ausbreitungsberechnung,
3. Immissionsprognose.

Zum ersten Komplex: Der MD hat, beginnend Ende der sechziger Jahre, ein Meßnetz für SO_2 und Schwebstaub eingerichtet mit dem Ziel, die Abhängigkeit des Feldes der Konzentration von meteorologischen Zuständen und Vorgängen zu studieren. Die Messungen wurden an Meteorologischen Stationen, also im allgemeinen außerhalb von Städten und Industriegebieten, durchgeführt nach Methoden, die von uns an die Verhältnisse an den Stationen angepaßt wurden, und mit Geräten, die vorwiegend in eigenen Werkstätten hergestellt wurden. Im Laufe der Jahre erweiterte sich das Meßnetz entsprechend den wachsenden Forderungen, sowohl hinsichtlich der Zahl der Stationen als auch hinsichtlich der gemessenen Komponenten der Luftverunreinigung (Tab. 1). Für die kommenden Jahre ist ein umfassender Ausbau zur weiteren Verbesserung der Beratung zentraler Staatsorgane und der Volkswirtschaft vorgesehen.

Tabelle 1: Anzahl der meteorologischen Stationen und gemessene Komponenten der Luftverunreinigung

gemessene Komponenten	Zahl der Stationen
Gase:	
SO_2	22
O_3	6
Teilchen:	
Staub	27
Radioaktivität	9
Schwermetalle	4
Sulfat	5
Ablagerungen:	
WMO-Programm	1
Radioaktivität	9

Das wesentliche Merkmal der gewonnenen Meßreihen ist ihre Homogenität. Hierdurch sind die Meßreihen des MD den von allen anderen Institutionen gewonnenen Meßreihen überlegen und gestatten Trendanalysen. Abb. 1 soll das zeigen. Für die Jahre 1970 bis 1983 ist der Gang der Jahresmittel der Konzentration von Schwebstaub und von SO_2 dargestellt. Die einzelnen Jahreswerte sind Mittelwerte von $n = 18$ bzw. 13 Stationen und können als Gebietsmittel für das Territorium der DDR gelten. Zunächst ist zu erkennen, daß offensichtlich die Konzentration im Laufe der Jahre nicht zugenommen hat, trotz steigender Produktion (Wirkung von komplexen Maßnahmen des Umweltschutzes). Ich zeige aber diese Darstellung vor allen Dingen, um den starken Einfluß meteorologischer Faktoren zu verdeutlichen. Hier wurde die vertikale Temperaturverteilung in der Schicht von 0 bis 1500 m herangezogen als Charakteristikum für die Stabilität der Grundschicht und damit für die vertikale Durchmischung.

Dies war ein Beispiel für die Nutzung der ermittelten zeitlichen Struktur des Immissionsfeldes. Eine weitere

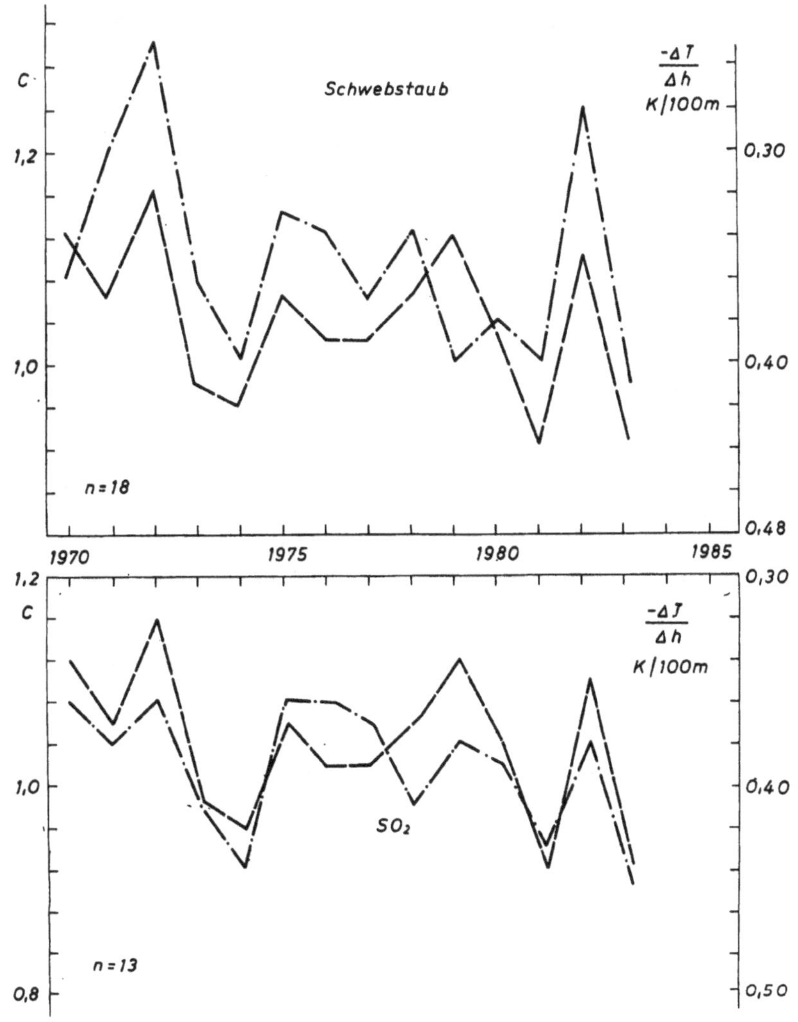

Abb. 1. Mittlere relative Jahreswerte C für Schwebstaub und SO_2 von n Stationen für den Zeitraum 1970—1983 (—·—) und Jahresmittelwerte der Temperaturabnahme $\frac{-\Delta T}{\Delta h}$ von 0 bis 1500 m Höhe an der Station Lindenberg um 01 MEZ (———)

Nutzanwendung, aber nicht im Zeitscale von 1 Jahr, sondern von 1 Tag ist in Aktion in Form eines operativen Überwachungs- und Informationssystems der SO_2-Belastung auf dem Territorium unseres Landes. Auf Grund der Tagesmittelwerte der SO_2-Konzentration von 23 Meteorologischen Stationen und 9 weiteren Stationen aus anderen Bereichen wird täglich vom MD die Belastungssituation dargestellt und meteorologisch interpretiert. Es schließt sich eine Vorhersage der meteorologischen Ausbreitungsbedingungen für die nächsten 36 Stunden und ihrer Auswirkung auf die SO_2-Immissionssituation an.

Ein spezielles operatives Überwachungs- und Informationssystem hat der MD im Gebiet des Erzgebirges im Rahmen der Zusammenarbeit mit dem Hydrometeorologischen Dienst der ČSSR aufgebaut. Im Grenzgebiet zwischen der DDR und der ČSSR besteht dieses Netz aus SO_2-Meßstellen und Beobachtern von starken Gerüchen, die aus Industrieanlagen und Kraftwerken stammen. Beide Staaten haben ein gemeinsames Vorgehen zum Schutze der Gesundheit und der Wälder vereinbart. Hierzu melden die Stationen und Geruchsbeobachter des speziellen Meßnetzes entsprechende Ergebnisse sofort an eine regionale Zentrale des MD, die eine Prognose der weiteren Entwicklung der Situation zusammen mit der Analyse der aktuellen Situation den verantwortlichen staatlichen Organen übergibt.

Mit unserem anderen sozialistischen Nachbarland, der Volksrepublik Polen, werden ähnliche Aufgaben entsprechend der vereinbarten Arbeitspläne realisiert.

Weitere Nutzungen des Immissionsmeßnetzes, denen auch die schon genannte Erweiterung der Überwachung dient, sind z. B.

— die Bestimmung des Eintrags von Stickstoffverbindungen in das Grundwasser (Qualitätssicherung des Trinkwassers),
— die Bestimmung des Eintrags von Luftverunreinigungen in den Boden (Beeinträchtigung der natürlichen Stoffkreisläufe im Boden als Ursache z. B. für Forstschäden),
— die Kontrolle der künstlichen Radioaktivität der Atmosphäre,
— Bestimmung der Korrosionswirkungen von Luft-

verunreinigungen (Auslagerungsuntersuchungen zur Ozonwirkung).

Alle im Meßnetz des Meteorologischen Dienstes und an Meßstellen anderer Bereiche (z. B. Ministerium für Gesundheitswesen, Forstwirtschaft, Industrie) gewonnenen Immissionsdaten gehen in einen Immissionsdatenspeicher ein, der vom Meteorologischen Dienst betrieben wird. Aus ihm werden die Daten, z. T. in verdichteter Form und mit meteorologischer Interpretation, den Staatsorganen und Nutzern in allen Bereichen der Volkswirtschaft zur Verfügung gestellt.

Zur Erhöhung der Leistungsfähigkeit sind in den kommenden Jahren im MD folgende Verbesserungen des Immissionsmeßnetzes vorgesehen:

— Automatisierung der Messung wichtiger Luftverunreinigungskomponenten und Anschluß an die Automatische Fernmeldende Meteorologische Station. (Damit stehen laufend aktuelle Immissionsdaten zur Verfügung.)
— Erweiterung des Meßprogrammes, besonders auf Stickoxide und auf die chemisch wirksamen Bestandteile von trockenen und feuchten Ablagerungen.
— Untersuchung der Struktur von Luftverunreinigungsfeldern in Städten als Grundlage für eine rationelle Gestaltung von Immissionsmeßnetzen in Stadtgebieten.

Im zweiten Aufgabenkomplex „Ausbreitungsberechnung“ besteht die volkswirtschaftlich relevante Leistung des MD in der Erteilung von Gutachten mit Hilfe von Berechnungen der Ausbreitung von Luftverunreinigungen.

In der DDR werden in jedem Jahr mehr als 500 Schornsteine für Industrieanlagen, Kraft- und Heizwerke gebaut oder rekonstruiert. Die Schornsteinhöhe, die nötig ist, um in der Umgebung gefährlich hohe Konzentrationen der Abgase zu vermeiden, ist wesentlich abhängig von den meteorologischen Ausbreitungsbedingungen, also besonders vom Wind und der Stabilität in der Grenzschicht der Atmosphäre. Diese sogenannten Schornsteingutachten benutzen ein standardisiertes Ausbreitungsmodell des Meteorologischen Dienstes vom GAUSS-Typ. Als Parameter für die meteorologischen Bedingungen treten im Modell auf: Windrichtung und Windgeschwindigkeit sowie der Grad der Stabilität. Es werden klimatologische Häufigkeitsverteilungen dieser Parameter benutzt. Entsprechend ergibt die Modellrechnung für beliebig vorgegebene Schornsteinhöhen die relativen Häufigkeiten und damit Wahrscheinlichkeiten dafür, daß ein bestimmter Grenzwert der Konzentration überschritten wird. Wir sprechen vom meteorologischen Risiko. Die verantwortliche staatliche Stelle hat damit die Möglichkeit, ausgehend vom vertretbaren Risiko (im Sinne der vorhin erläuterten Optimierung zwischen Schutz und Nutzung der Ressource Luft), die Entscheidung über die erforderliche Schornsteinhöhe zu treffen.

In entsprechender Weise wird mit Hilfe dieses Rechenmodells über zulässige Emissionen und Standorte für

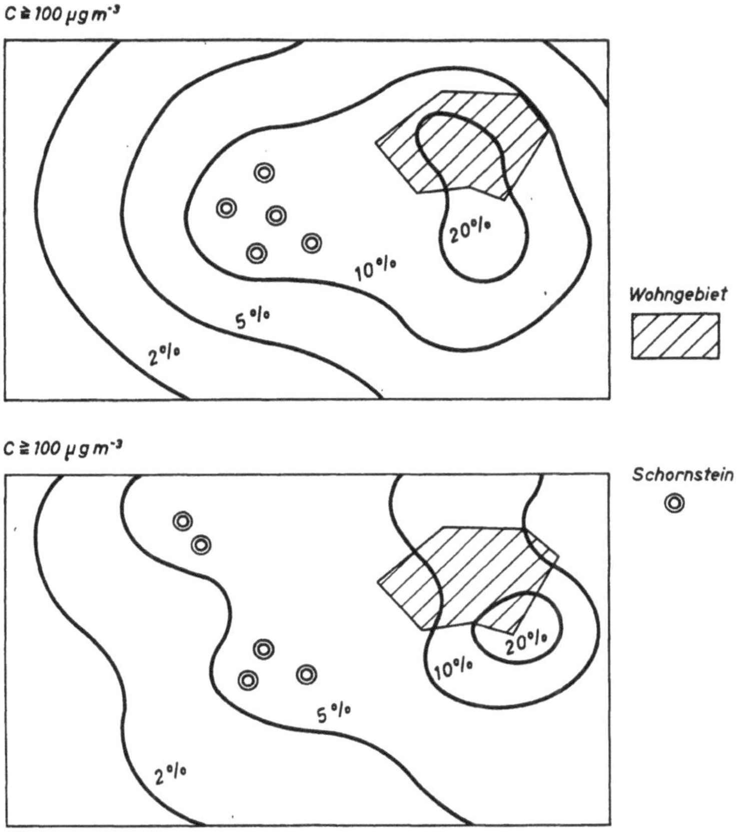

Abb. 2. Isolinien der Wahrscheinlichkeit eines Überschreiten der Konzentration C bei zwei verschiedenen Varianten des Standorts der Schornsteine in der Nähe eines Wohngebietes

neue Anlagen entschieden. An einem solchen Beispiel soll die Abb. 2 das Prinzip der Risikokalkulation deutlich machen.

Der MD ist im Zuge seiner Forschungs- und Entwicklungstätigkeit laufend bemüht, die Ergebnisse seiner Modellrechnungen zu verbessern und das Gebiet der Nutzanwendung zu erweitern. Das betrifft besonders die Ausbreitung in gegliedertem Gelände, die Ausbreitung in Stadtgebieten, die Ausbreitung aus Hochschornsteinen und aus Emissionsquellen dicht am Boden. Zur Lösung dieser Aufgaben gibt es eine abgestimmte Zusammenarbeit zwischen den sozialistischen Ländern im Rahmen des RGW (Problem V „Meteorologische Aspekte der Verunreinigung der Atmosphäre") und dabei speziell zwischen den dort einbezogenen Experten der Meteorologischen und Hydrometeorologischen Dienste.

Zu einer Reihe von Luftverunreinigungsproblemen der Volkswirtschaft werden vom MD spezielle Gutachten erarbeitet. Darüber hinaus wird die Ausbreitung über größere Entfernungen (über 50 km) durch ein numerisches Modell simuliert. Dieses Modell arbeitet am zentralen Rechner des Meteorologischen Dienstes in Routine und berechnet u. a. täglich die Ströme von SO_2 und SO_4 über die Landesgrenzen im Zuge des europäischen Luftverunreinigungs-Programms EMEP. Für die Weiterentwicklung der numerischen Modelle gibt es eine konkrete zweiseitige Zusammenarbeit mit dem GOSKOMGIDROMET der UdSSR. Dieser Weiterentwicklung messen wir besondere Bedeutung bei, da numerische Modelle grundsätzlich die Möglichkeit bieten, die einigen speziellen Ausbreitungsfällen (z. B. bei gegliedertem Gelände, in Stadtgebieten und für instationäre meteorologische und Emissionssituationen) die Verhältnisse verwirklichkeitsgetreuer zu simulieren, als es die bisherigen Modelle können.

Zum dritten Aufgabenkomplex „Immissionsprognose" hatte ich schon bei den Angaben zu dem routinemäßigen operativen Überwachungs- und Informationssystem über die SO_2-Belastung des Territoriums der DDR erwähnt, daß die vom MD den Staatsorganen täglich übergebenen Unterlagen zur Belastungssituation ergänzt werden durch eine Vorhersage der meteorologischen Ausbreitungsbedingungen für die nächsten 36 Stunden. Diese Vorhersage beruht auf der allgemeinen synoptischen Prognose und zusätzlich auf einer für einzelne Stationen gültigen Berechnung der zu erwartenden Immissionskonzentration nach einer speziellen, vom Meteorologischen Dienst entwickelten Regressionsmethode.

Diese besteht aus einer Kombination von Klassifikation und Regression und verwendet sowohl großräumige, synoptische als auch lokale Prediktoren. Die Prognose wird voll automatisch erzeugt und liefert sowohl kategorische als auch Wahrscheinlichkeitsaussagen. Diese Methode wird weiter ausgebaut und verspricht durch ihre genannten Besonderheiten und dadurch, daß sie routinemäßig als Teil der numerischen Wettervorhersage realisiert wird, weitere Nutzungsmöglichkeiten.

Genannt hatte ich auch schon das im Gebiet des Erzgebirges arbeitende Überwachungssystem und die bei hohen Immissionskonzentrationen abgegebenen meteorologischen Prognosen der weiteren Entwicklung. Außerdem wirkt der Meteorologische Dienst mit bei der Erarbeitung von methodischen Grundlagen durch die Staatliche Hygieneinspektion für lokale Warnsysteme, bei ihrer meteorologischen Ausstattung und Erprobung. Hierfür ist auch angestrebt, an den Zentralen der lokalen Warnsysteme SODAR-Geräte einzusetzen. Der Meteorologische Dienst arbeitet an der Adaptierung dieses modernen Sondierungsmittels für die Verbesserung der Warnsysteme mit.

Weitere Arbeiten zur Vervollkommnung der Prognose der Immissionssituation gehen von den Möglichkeiten aus, welche die tägliche, aktuelle Übersicht über die SO_2-Belastung des Territoriums unseres Landes bietet. Die zu erarbeitende Methode beruht auf früheren Forschungsergebnissen, wonach die Quantile der Häufigkeitsverteilung von SO_2-Tagesmittelwerten über weiten Gebieten nahezu gleich sind. So läßt sich aus der Vorhersage der Konzentration für einen Ort (z. B. aus der schon erwähnten täglich routinemäßig erzeugten Prognose nach der Regressionsmethode) mit Hilfe der Quantilgleichheit die zu erwartende Konzentration an jedem Ort bestimmen.

Mit diesen Ausführungen wollte ich die wichtigsten Arbeiten des Meteorologischen Dienstes der DDR für die Umweltschutzmaßnahmen zur Reinhaltung der Luft nennen. Ich wies am Anfang auf den Zusammenhang von Umweltschutz und Erhaltung des Friedens hin. Dieser Zusammenhang erfordert einmal mehr ein enges, arbeitsteiliges Zusammenwirken der sozialistischen Länder, und ich bin sicher, daß auch diese 18. Konferenz der Leiter der Hydrometeorologischen und Meteorologischen Dienste wieder hierzu beigetragen hat.

Über einen Beitrag des Hydrometeorologischen Dienstes der ČSSR im Kampf gegen die Luftverschmutzung

von S. Slaby

In meinem Bericht möchte ich Sie mit einigen Maßnahmen zur Bekämpfung der Luftverschmutzung bekanntmachen, an denen der HMD der ČSSR beteiligt ist.
In der ČSSR wie auch in vielen anderen Industrieländern ist dieses Problem in den letzten Jahren sehr akut geworden. Besonders in einigen Gebieten unserer Republik wird bei bestimmten meteorologischen Bedingungen in der Luft eine solche Konzentration an Schadstoffen beobachtet, die der Gesundheit der Bevölkerung schadet. Wälder sterben, historische Denkmäler werden zerstört u. ä. Besonders kritische Werte werden in Gebieten erreicht, die teilweise von Bergen umgeben sind und daher ungünstigere Windverhältnisse aufweisen. Andererseits bilden sich in diesen Gebieten sehr oft Temperaturinversionen aus, die den Stau von Schadstoffen fördern.

Ein solches typisches Gebiet ist z. B. das Industriegebiet in der nordwestlichen Tschechei. Deshalb hat die Regierung der ČSSR zu Beginn der siebziger Jahre für dieses Gebiet unseren Dienst beauftragt, Muster für ein sogenanntes Prognosesignalsystem zu schaffen. Auf der Grundlage von Messungen der wirklichen Schadstoffkonzentration mit dem Gerät „Philipps", vor allem für SO_2, und einer Vorhersage der atmosphärischen Bedingungen für die Verteilung und Ausbreitung der Schadstoffe wird eine Prognose der zu erwartenden Schadstoffkonzentration aufgestellt.

Wenn eine mittlere Tageskonzentration von SO_2 über 250 Mikrogramm je m^3 erwartet wird, wird das Signal „Warnung" gegeben.

Wird erwartet, daß die Konzentration von SO_2 im Verlauf von 9 Stunden über 400 Mikrogramm je m^3 ansteigen wird, so wird das Signal „Regelung" ausgelöst. Das Signal „Regelung" wird für verschiedene Gruppen der Verschmutzungsquellen in Abhängigkeit von ihrer Höhe über dem Erdboden und von der Höhe der Sperrschicht ausgegeben.

Welche Regelmaßnahmen können die Betriebe in den verschmutzten Gebieten anwenden? Zum Beispiel; Kraftwerke verwenden für die Heizung Kohle mit einem geringeren Schwefelgehalt, im äußersten Fall begrenzen sie die Elektroenergieerzeugung. Die chemischen Betriebe müssen zeitweilig die Herstellung von Produkten, die die Umwelt belasten, verringern oder unterbrechen und zu einer „saubereren" Produktion übergehen.

Natürlich rufen solche Maßnahmen große organisatorische Schwierigkeiten und ökonomische Verluste hervor. Es wird eingeschätzt, daß für die Verlagerung der Elektroenergieerzeugung von 500 MW in ein anderes Gebiet täglich 2 Millionen Kronen notwendig sind. Jedoch noch größere ökonomische Verluste für das Land würde eine Unterbrechung der Elektroenergieerzeugung bringen.

Das heißt, daß die Rolle des Hydrometeorologischen Dienstes auf diesem Arbeitsgebiet sehr verantwortungsvoll ist. Deshalb sind wir bemüht, systematisch die Qualität der notwendigen Informationen zu erhöhen. Vor allem erweitert sich das Netz der Kontrollpunkte für die automatische Emissionsbeobachtung, das mit Geräten aus eigener Produktion ausgerüstet wird. In Zukunft werden auch andere Schadstoffe gemessen, z. B. NO_x, H_2S. Auf der Grundlage der gesammelten Erfahrungen werden auch in anderen Industriezentren des Landes Prognosesignalsysteme eingesetzt.

Aus dem oben Gesagten geht hervor, daß der Erfolg der Arbeit des Prognosesignalsystems vor allem von der Richtigkeit der Vorhersage der meteorologischen Bedingungen abhängt. Deshalb widmet unser Dienst der Erarbeitung von Methoden für lokale Prognosen eine besondere Aufmerksamkeit. Hier möchten wir zwei Probleme unterstreichen, die nach unserer Meinung eine wesentliche Rolle bei der Erhöhung einer erfolgreichen Voraussage von meteorologischen Bedingungen für die Schadstoffverteilung in der Luft spielen.

Es ist bekannt, daß die Schadstoffverteilung im wesentlichen Maß vom Vorhandensein von Sperrschichten in der unteren Troposphäre abhängt. Die klassischen Radiosonden gewährleisten keine kontinuierliche Beobachtung der Bildung oder Auflösung dieser Schichten. Eine solche Möglichkeit bieten die neuen Mittel der Fernsondierung, vor allem das Sodar.

Die achtjährigen Erfahrungen des Einsatzes von Sodar in unserem Dienst haben die breite Anwendung seiner Meßergebnisse gezeigt. Außer den Messungen der thermischen Stabilität in der Grenzschicht gibt es die Möglichkeit, das vertikale Profil der Richtung und die Geschwindigkeit des Windes einschließlich der Bestimmung von Schichten mit einer großen Windscherung zu messen, was im System der meteorologischen Sicherung von Flugzeuglandungen besonders wichtig ist. Man kann aber auch die obere Nebelgrenze bestimmen. Bei der meteorologischen Absicherung des Betriebes von Kernkraftwerken ist das Sodar nicht zu ersetzen.

Besonders gute Ergebnisse sind mit Hilfe des Doppler-Sodars „SENSITRON" einer schwedischen Firma erhalten worden, das bei uns seit Anfang des Jahres 1984 im Einsatz ist. Führen wir ein Beispiel an. Die mit einem

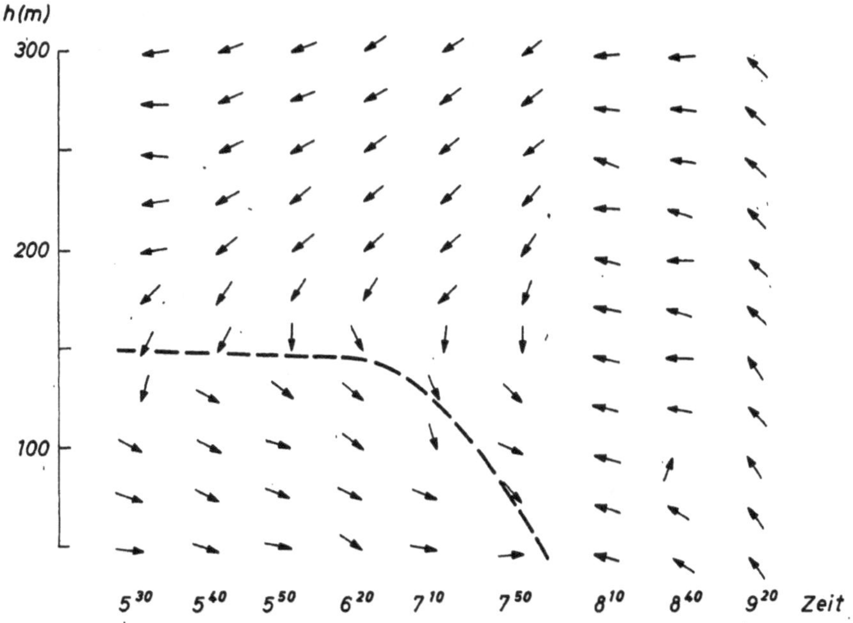

Abb. 1. Die mit SODAR gemessene Änderung der Windrichtung. Station Tušimice/ČSSR, 19. 4. 1984. σ_W = mittlere quadratische Abweichung der vertikalen Windkomponente, $\bar{u}$ = mittlere Geschwindigkeit der horizontalen Windkomponente für den Mittelungszeitraum, ——— max $\sigma_W/\bar{u}$

Sodar ermittelte Berg-Talzirkulation ist in Abb. 1 dargestellt.

Infolge des breiten Einsatzes des Sodars im praktischen Dienst der Volkswirtschaft für die meteorologische Informationen ist es wünschenswert, daß die Elektroindustrie der sozialistischen Länder im Rahmen des RGW ihre Aufmerksamkeit auf eine Beschleunigung der Einführung eines solchen Gerätes in die Serienproduktion richtet.

Ein zweites Mittel, das wir für die Verbesserung der Prognosen der meteorologischen Bedingungen in der Grenzschicht einsetzen wollen, ist die Höhenkarte für den Wert 925 hPa. Wir haben gerade die Programmierung für ein automatisches Zeichnen dieser Karte auf dem Gerät „Digigraf“ beendet, die ersten Karten wurden hergestellt. Das heißt, Erfahrungen auf dem Gebiet der Anwendung dieser Karten besitzen wir nicht. Wir hoffen jedoch, daß diese Karten ebenfalls für die meteorologischen Belange anderer Zweige der Volkswirtschaft nützlich sein werden, insbesondere bei der Erarbeitung von Prognosen für die Vereisung von elektrischen Übertragungsleitungen, die oft in Höhen von 600—800 Meter über NN beobachtet werden. Im Winter wird diese Karte dem Synoptiker bei der Ausarbeitung der Prognosen für den Straßentransport wertvolle Informationen über die meteorologischen Bedingungen in diesen Höhenlagen liefern.

In einer solchen kurzen Mitteilung ist es nicht möglich, alle Probleme zu erfassen, die mit der meteorologischen Betreuung der Volkswirtschaft im Zusammenhang stehen. Wir wollten nur einige neue Methoden erläutern, die zur Verbesserung der meteorologischen Betreuung führen.

Die Einordnung der Modellierung des Transportes von gasförmigen Luftverunreinigungen in ein Umweltüberwachungssystem

von H. J. DISCHER und U. DAMRATH

Allgemeine Anforderungen an ein Kontrollsystem

Eine wesentliche Grundlage für die Art und Weise der Nutzung der natürlichen Ressourcen sind wissenschaftlich fundierte Kenntnisse über den aktuellen Zustand der Natur, dessen Bewertung in bezug zu früheren Zuständen und dessen zu erwartende Veränderungen. Dies erfordert geeignete Instrumentarien, die sowohl statische als auch dynamische Prozesse zu erfassen in der Lage sind. Auf dem Gebiet des Umweltschutzes stellt die Umweltkontrolle eines dieser Instrumente dar. Unter Umweltkontrolle soll dabei die ständige Überwachung der in der Natur ablaufenden Veränderungen und deren Rückwirkungen auf die gesellschaftlichen Beziehungen sowie des Einflusses der gesellschaftlichen Beziehungen auf die Natur verstanden werden. Das Ziel der Umweltüberwachung besteht darin, wissenschaftlich fundierte Grundlagen für gesamtstaatliche, territoriale, zweigliche und betriebliche Entscheidungen zur planmäßigen Gestaltung der Umwelt abzuleiten und gleichzeitig die Umwelt wirksam zu schützen, um die natürlichen Lebens- und Produktionsreserven der Bevölkerung zu erhalten. Die Kontrolle umfaßt gasförmige, feste und flüssige bzw. gelöste Stoffe einschließlich deren Wechselbeziehungen in der Biosphäre sowie ihres Verhaltens an Grenzflächen, d. h. Medienübergängen.

Zur technischen Realisierung dieser Aufgaben wird ein rationelles und effektives Kontrollsystem benötigt, mit dessen Hilfe eine kontinuierliche Erfassung und, als entscheidender Prozeß der Umweltkontrolle, eine Bewertung der den Zustand der Umwelt charakterisierenden Daten erfolgen kann.

Mit einem derartigen Kontrollsystem werden zunächst folgende allgemeine Zielstellungen verfolgt:

- Sammlung und Bewertung von Informationen, die den Umweltzustand beschreiben,
- Beobachtung großräumiger Schadstoffverteilungen und ihrer langfristigen Veränderungen,
- Kontrolle der Wirksamkeit und Effektivität durchgeführter Maßnahmen,
- Früherkennung neuer Umweltfaktoren,
- Untersuchungen zu grenzüberschreitenden Problemen,
- Festlegung von Grenzwerten oder Normzuständen,
- Bereitstellung von Daten für internationale Programme,
- Aufbau von Warnsystemen.

Dabei sind prinzipiell unterschiedliche zeitliche und räumliche Maßstäbe entsprechend den jeweiligen örtlichen Umweltbedingungen und der zu untersuchenden Problematik zu beachten. Einerseits muß es ein derartiges System gestatten, eine lückenlose, flächendeckende, realtime-Überwachung aktueller Zustände einschließlich einer Kurzfristprognose durchzuführen mit dem Ziel, gegebenenfalls Sofortmaßnahmen im Rahmen von Warnsystemen einleiten zu können. Andererseits ist die langfristige Entwicklung des Umweltzustandes zur Ableitung von Trends und zur Einschätzung der Wirksamkeit und Effektivität von Umweltschutzinvestitionen von Interesse. Daneben existieren eine Reihe von Fragestellungen, die auf bestimmte Schadstoffe oder auf lokal begrenzte Emittenten beschränkt sind. Dazu müssen innerhalb des Kontrollsystems ebenfalls geeignete Methoden und Verfahren zur Verfügung stehen. Im räumlichen Maßstab sind neben den nationalen Aufgaben, wie sie sich aus den in den jeweiligen gesetzlichen Vorschriften verankerten Bestimmungen zur Einhaltung definierter Grenz- oder Normzustandswerte ergeben, auch internationale Verpflichtungen zu realisieren. Zu den internationalen Verpflichtungen gehört außer der im Rahmen der Konvention über grenzüberschreitende Luftverunreinigungen festgeschriebenen Bestimmung und Wertangabe der grenzüberschreitenden Schadstoffströme, der auf der Umweltkonferenz in München beschlossenen Emissionssenkung bei Schwefeldioxid, vor allem auch die Mitarbeit bei der Schaffung eines Netzes von Background-Stationen, d. h. Stationen in relativ unbelasteten Gebieten, für die Kontrolle der Luftverunreinigungen.

Um die genannten Aufgaben erfüllen zu können, muß ein effektives Kontrollsystem bestimmten qualitativen und quantitativen Anforderungskriterien genügen. Derartige Anforderungskriterien sind:

- Ausreichende örtliche und zeitliche Auflösung der Meßwerte (Repräsentativität),
- zeitliche Verfügbarkeit der Daten für operative oder langfristige Entscheidungen (Betrieb im r,t- oder n,r,t-Regime) (Operativität),
- Minimierung des Investitions- und Betriebsaufwandes zur Meßwerterfassung bei ausreichender Sicherung des notwendigen Informationsbedarfes (Effektivität),
- Sicherung der Paßfähigkeit der in einzelnen Kontrollbereichen/Katastern enthaltenen Daten und Infor-

mationen (Kompatibilität zu inhaltlichen und technischen Fragen),
- zentrale Bereitstellung von Daten/Auswertungen/Informationen bzw. territoriale Gliederung entsprechend den Anforderungen der Nutzer auf verschiedenen Ebenen,
- Sicherung von stabilen Kontrollen der belasteten Umwelt in verschiedenen Bereichen durch eine übergeordnete staatliche Einrichtung.

Die Effektivität des Kontrollsystems bestimmt sich aus der Gegenüberstellung der einmaligen und laufenden Aufwendungen für die Betreibung des Systems und des erzielten ökonomischen und erkenntnistheoretischen Nutzens in bezug auf die Zielstellung des Umweltkontrollsystems.

Die zur Umweltkontrolle benötigten Daten lassen sich auf unterschiedliche Art und Weise gewinnen.

Die Anwendung von Meßverfahren liefert die für die Bewertung des Umweltzustandes benötigten Informationen, d. h. physikalische Zustandsparameter, mit Hilfe von Meßnetzen oder Einzelmessungen. Neben den Meßmethoden werden oft mathematische Simulationsmodelle zur Erfassung bestimmter Umweltzustände herangezogen. Hierzu werden sowohl deterministische Modelle, die versuchen, bestimmte Zustände mittels mathematisch-physikalischer Methoden unter Berücksichtigung der geltenden Naturgesetze nachzubilden, als auch statistische Modelle, bei denen bestimmte Zustände mittels statistischer Verfahren aus bereits bekannten Datenkollektiven prognostiziert werden. Während die deterministischen Modelle vor allem für Probleme der Ausbreitungsrechnungen angewendet werden, sind die statistischen Modelle insbesondere für die Kurzfristprognose von Immissionssituationen international verbreitet. Jedes Modell stellt jedoch nur ein idealisiertes Abbild der realen in der Natur vorhandenen Zustände dar. Problematisch ist ebenfalls die Bereitstellung geeigneter Ausgangsdaten für die Modelle, da diese Daten wesentlich die Qualität der Modellergebnisse beeinflussen.

In der DDR wurde für die operative Kontrolle des Luftschadstoffes SO_2 ein EULERsches Ausbreitungsmodell entwickelt (DISCHER/DAMRATH), mit dessen Hilfe sowohl die flächendeckende Immissionsbelastung auf dem gesamten Territorium der DDR als auch die die DDR verlassenden Schadstoffströme (DISCHER, DAMRATH, PRESSMANN) bestimmt werden und das im weiteren näher vorgestellt werden soll.

Grundgleichungen und deren numerische Lösung

Ausbreitungsvorgänge von gasförmigen Luftbeimengungen werden in der Literatur üblicherweise durch die im zeitlichen Mittel gültige klassische Transportgleichung:

$$\frac{\partial c}{\partial t} + \frac{\partial (cv)}{\partial x} = \frac{\partial}{\partial x}\left(K \frac{\partial c}{\partial x}\right) + Q - S \qquad (1)$$

beschrieben. Zur Aufstellung dieser partiellen Differentialgleichung wurden schon eine Reihe den Gültigkeitsbereich einschränkende Annahmen getroffen:
- Die Geschwindigkeit des Trägermediums und der Beimengung sind für Gase gleich, d. h., es existieren keine Relativbewegungen.
- Die Konzentration und die Geschwindigkeiten des Trägermediums lassen sich in einen mittleren Anteil und einen durch turbulente Schwankungen hervorgerufenen Anteil zerlegen.
- Die bei der Aufstellung der Transportgleichung auftretenden Flüsse lassen sich mit Hilfe der Austauschtheorie parametrisieren, d. h., es existiert eine Beziehung zwischen dem mittleren turbulenten Strom einer Substanz und dem Gradienten ihrer mittleren Konzentration.

$$\overline{C'_k V'_e} = -K_{ke} \frac{\partial C_e}{\partial X_k}.$$

Der Proportionalitätsfaktor K_{ke} ist der Parameter des turbulenten Stoffaustausches und im allgemeinen ein Tensor 2. Stufe. Im Falle homogener isotroper Turbulenz reduziert sich K_{ke} zu einem Skalar.
- Der turbulente Impulsaustausch und der turbulente Stoffaustausch sind gleich.
- Die molekulare Diffusion ist vernachlässigbar gegenüber der turbulenten Diffusion.

Gleichung (1) beschreibt daher das unter obigen Voraussetzungen gültige Transportverhalten von gasförmigen Beimengungen infolge der Akkumulation, der Advektion und der turbulenten Diffusion.

Der Quellterm Q hat die Gestalt:

$$Q = r_k \cdot FS \qquad (2)$$

und enthält die Emissionsdichte FS in Menge pro Volumen und Zeit sowie den Faktor r_k zur Berücksichtigung saisonaler Schwankungen der Emissionsstärke. Die Werte des Saisonfaktors r_k enthält Tab. 1.

Tabelle 1: Saisonfaktoren für die monatliche Variation der Emissionsstärke der Klein- und Mittelemittenten r_k sowie der Hausbrandemission r_M

Monat	r_k	r_M
Januar	1,33	1,33
Februar	1,25	1,33
März	1,12	1,33
April	0,90	0,9
Mai	0,75	0,9
Juni	0,65	0,21
Juli	0,65	0,21
August	0,75	0,91
September	0,90	0,9
Oktober	1,12	1,33
November	1,25	1,33
Dezember	1,33	1,33

Der Senkenterm S, der definiert ist durch:

$$S = (K_B + K_1)\, C\,, \tag{3}$$

enthält die während des Transportvorganges stattfindenden chemischen Umwandlungen K_1 und den washout K_B.

Stoffwandlungsprozesse zweiter Ordnung werden gegenwärtig nicht behandelt. Der Parameter K_B wird gemäß:

$$K_B = 10^{-4} \sqrt{I} \tag{4}$$

aus der Niederschlagsintensität I bestimmt (ROLLE/RENNER), während für K_1 die Werte $K_1 = 5 \times 10^{-6}\ \mathrm{S}^{-1}$ in dichtbesiedelten Gebieten und unterhalb 100 m sowie $K_1 = 2 \cdot 10^{-6}\ \mathrm{S}^{-1}$ sonst gelten. Zur Lösung der partiellen Differentialgleichung muß noch eine Spezifikation der Anfangs- und Randbedingungen erfolgen. Als Anfangsbedingung wird eine zum Zeitpunkt $t = t_A$ vorgegebene Konzentrationsverteilung C_A:

$$C_A(x, y, z) = C(x, y, z, t = t_A) \tag{5}$$

verwendet. Im operativen Einsatz ist C_A dabei die Endverteilung der vorangegangenen Berechnung. Durch Integration der Gleichung (1) mit Hilfe des GAUSSschen Integralsatzes:

$$\int\limits_V S^{\mu}_{|\mu}\, \mathrm{d}V = \int\limits_{\Gamma} S^{\mu}\, \frac{1}{2}\, \varepsilon_{\mu\alpha\beta}\, \mathrm{d}V^{\alpha\beta}$$

über das betrachtete Raumgebiet V erhält man die Randbedingungen allgemein:

$$\oiint n S_i\, \mathrm{d}\Gamma \gtreqless 0\,. \tag{6}$$

Die zugehörigen Randbedingungen bestehen also in der Vorgabe der Normalenkomponente des totalen Beimengungsvektors S_i (FORTAK):

$$S_i = C V_i - K \frac{\partial c}{\partial x_i}\,. \tag{7}$$

Im vorliegenden Fall wird gefordert, daß die Normalenableitung der Konzentrationsverteilung an den freien Rändern verschwindet:

$$\left.\frac{\partial C}{\partial n} = 0\right|_{FR}. \tag{8}$$

An der unteren Grenzfläche des Modells wird i. allg. die Bedingung:

$$K_z \frac{\partial c}{\partial z} - V_D C = 0\,, \tag{9a}$$

die eine Bilanzgleichung darstellt, verwendet. Da die untere Randbedingung gleichzeitig als Bestimmungsgleichung für die Bodenkonzentration dient und da besonders in dichtbesiedelten Gebieten der Hausbrand einen entscheidenden Beitrag zur Höhe der Bodenkonzentration liefert, wird zu Gleichung (9a) ein zusätzlicher Term addiert, der im Gegensatz zur Bodenablagerung einen positiv gerichteten Stoffstrom durch die untere Grenzfläche darstellt und von der Dimension her als Flächenquelle interpretiert werden kann:

$$K_z \frac{\partial c}{\partial z} - V_d C + r_M E_q = 0\,. \tag{9b}$$

Aus Gleichung (9b) erhält man für die Bodenkonzentration folgende Beziehung:

$$C_B = \left[1 + \frac{\Delta Z V_D}{K_z}\right]^{-1} \cdot \left\{C_2 + \frac{r_M \Delta Z}{K_z} E_q\right\}. \tag{10}$$

Der Faktor r_M enthält die monatlichen Intensitätsschwankungen der Hausbrandquellen (Tabelle 1). Darüber hinaus wird auch der Tagesgang der Hausbrandemissionen berücksichtigt. Durch die Bildung geeigneter Integrale ist es möglich, den Transport durch definierte Modellflächen:

$$T_i = \oiint \left\{C V_i - K \frac{\partial c}{\partial x_i}\right\} \mathrm{d}A\,, \tag{11}$$

zeitliche und räumliche Konzentrationsmittel:

$$\bar{c} = [\Delta T\, \Delta X\, \Delta Y\, \Delta Z]^{-1} \int\limits_T^{T+\Delta T} \int\limits_{X_i}^{X_i+\Delta X_i} C(x, y, z, t)\, \mathrm{d}x_i \ldots \mathrm{d}t \tag{12}$$

sowie die Menge des an der unteren Modellfläche trocken abgelagerten Schadstoffs:

$$T_A = \oiint V_D C_B\, \mathrm{d}\boldsymbol{B} \tag{13}$$

zu bestimmen.

Zur numerischen Lösung partieller Differentialgleichungen existiert eine Reihe von unterschiedlichen Verfahren (COLLATZ, SERRIN, HOLT, SAMARSKI, CHUNG). Eine Auswahl, welches das „beste" Verfahren ist, dürfte allerdings nicht möglich sein und jeweils von der konkreten Aufgabenstellung abhängen. PANKRATH gibt einen Überblick über gebräuchliche Verfahren zur Behandlung von Ausbreitungsvorgängen, wobei eine Beschränkung auf weiträumige Prozesse erfolgt. Generell wird unterschieden zwischen:

LAGRANGEschen Verfahren:	mitbewegtes Koordinatensystem,
EULERschen Verfahren:	ortsfestes Koordinatensystem.

Typische Vertreter der LAGRANGEschen Verfahren sind die Trajektorienmodelle (ELIASSEN, NORDLUND, PRESSMANN/MICHAILOVA). Ebenfalls zu den Trajektorienverfahren zählt die PIC (particle in-cell)-Methode (EVANS/HARLOW). Zu den EULERschen Verfahren zählt die große Gruppe der Differenzenmethoden. Der Fehler dieser Verfahren wird im wesentlichen durch die Ordnung der bei dieser Approximation auftretenden Restglieder bestimmt. ROACHE gibt einen Überblick über verschiedene mehr oder minder gut entwickelte Differenzenmethoden. Eine Erhöhung der Genauigkeit wird erzielt, wenn statt der Konzentrationen Gleichungen für die

Momente der Konzentrationsverteilung verwendet werden. Eine große Gruppe bildet die Methode der gewichteten Residuen (CHUNG). In Abhängigkeit von der zur Lösung verwendeten Gewichtsfunktion erhält man das GALERKIN-Verfahren (GAJEWSKI), das Kollokationsverfahren (WENGLE) oder spektrale bzw. pseudospektrale Verfahren (CHRISTENSEN/PRAHM). Zur Lösung der Transportgleichung wird oft auch die spline-Interpolation angewendet (MAHRER/PIEHLKE, PURNELL) oder die Methode der finiten Elemente (CHUNG, ZIENKIEWICZ).

Lösung der Transportgleichung mittels des Zwischenschrittverfahrens

Da das zu entwickelnde Modell im operativen Dienst eingesetzt werden soll, sind an das zu verwendende Lösungsverfahren einige Anforderungen zu stellen. Neben der Genauigkeit der Approximation sind vor allem auch die Fragen der Rechenzeit- und Speicherplatzoptimierung zu beachten. Generell kann festgestellt werden, daß insbesondere für die numerische Behandlung der Advektionsglieder gegenwärtig kaum ein auf einem Rechner mittlerer Leistungsfähigkeit realisierbares ökonomisches Verfahren existiert, welches allen physikalischen Belangen gerecht wird. Somit müssen also bei der Anwendung jedes Verfahrens Kompromisse eingegangen werden (VELTISHEVA/VELTISHEV). Zur Lösung unseres Problems verwenden wir die Zwischenschrittmethode nach JANENKO.

Dabei werden Differentialgleichungen der Form:

$$\frac{\partial c(x, t)}{\partial t} = L(D)C(x, t) + f(x, t)$$

ein zwei- oder mehrstufiges Differenzschema der Art:

$$\frac{c^{n+1} - c^n}{\tau} = \Lambda_1 C^{n+1} + \Lambda_0 C^n + F^n$$

zugeordnet, wobei die Λ_1 und Λ_0 Matrizen sind, deren Elemente aus Differenzenoperatoren bestehen. Für verschiedene physikalische Problemstellungen lassen sich dann unterschiedliche Aufspaltungsschemata angeben (PEPPER, YOSHIKAWA, MELLI).

Die Zwischenschrittmethode wird erfolgreich besonders für die Lösung komplizierter, mehrdimensionaler Probleme der mathematischen Physik angewendet. Zur Lösung der Gleichung verwenden wir die räumliche Aufspaltung, d. h., wir zerlegen die 3dimensionale Gleichung zunächst in vier eindimensionale Teilschrittgleichungen:

$$\frac{1}{4}\frac{\partial c}{\partial t} - rFS + (K_B + K_1)\,C = 0\,,$$

$$\frac{1}{4}\frac{\partial c}{\partial t} + \left(V_x - \frac{\partial K}{\partial x}\right)\frac{\partial c}{\partial x} - K_{xx}\frac{\partial^2 c}{\partial x\,\partial x} = 0\,, \quad x \mathrel{\hat{=}} \{x, y, z\}\,, \tag{14}$$

d. h. in einen Term, der die Quellen und Senken repräsentiert, und drei eindimensionale, entsprechend den jeweiligen Richtungen des Raumes, Gleichungen, die den advektiven und diffusen Transport beschreiben. Es verbleibt nun noch die Aufgabe, die Differentialoperatoren durch entsprechende Differenzenausdrücke zu ersetzen. Dazu führen wir die Zeitintegration implizit aus und verwenden für die Advektionsglieder das upstream-Verfahren und für die Diffusionsglieder zentrierte Differenzen.

$$A\frac{\partial c}{\partial x} \to A\frac{C_{i+1} - C_i}{\Delta X_i}\,, \quad A \leqq 0 \qquad \text{bzw.}$$

$$A\frac{C_{i-1} - C_i}{\Delta X_{i-1}}\,, \quad A \geqq 0\,,$$

$$\frac{\partial^2 c}{\partial x^2} \to$$

$$\frac{2[\Delta X_{i-1}C_{i+1} + \Delta X_i C_{i-1} - (\Delta X_i + \Delta X_{i-1})\,C_i]}{\Delta X_i \Delta X_{i-1}(\Delta X_i + \Delta X_{i-1})}\,.$$

Setzen wir dies unter Beachtung der Verwendung fester Ortsschrittweiten in der Horizontalen und variabler Ortsschrittweiten in der Vertikalen in die einzelnen Teilschrittgleichungen ein und lösen jeweils nach der Konzentration zum Zeitpunkt $t + \Delta\tau$ am Punkt i auf, so erhalten wir:

I. Teilschritt:

$$C_i^{T+\Delta T} = C_i^T \exp\{-(K_B + K_1)\,\Delta T\} + \frac{r_k FS}{(K_B + K_1)} \times [1 - \exp\{-(K_B + K_1)\Delta T\}]\,. \tag{15}$$

II. und III: Teilschritt (horizontal):

$$C_i^{T+\Delta T} = \frac{C_i^T}{\left(1 + \frac{\Delta t}{\Delta X_n}\left|Vx_n - \frac{\partial K}{\partial x}\right| + \frac{2K\,\Delta t}{\Delta X_n^2}\right)} + \frac{1}{(\ldots)} \times \left\{\frac{K\,\Delta t}{\Delta X_n^2}\left|\begin{matrix} C_{i+1}^{T+\Delta T} \\ \\ C_{i-1}^{t+\Delta T}\end{matrix}\right. + \left(\frac{K\,\Delta t}{\Delta X_n^2} + \frac{\Delta t\left|Vx_n - \frac{\partial U}{\partial X_n}\right|}{\Delta X_n}\right)\left|\begin{matrix} C_{i-1}^{T+\Delta T} \\ \\ C_{i+1}^{T+\Delta T}\end{matrix}\right.\right\}. \tag{16}$$

IV. Teilschritt:

$$C_i^{T+\Delta T} = \frac{C_i^T}{\left(1 + \frac{\Delta t}{\Delta X_i^{i-1}}\left|V_i - \frac{\partial K}{\partial x_i}\right| + \frac{2K\,\Delta t}{\Delta X_i\,\Delta X_{i-1}}\right)} + \frac{1}{(\ldots)} \times \left\{\frac{2K\,\Delta t}{\Delta X_{i-1}^i(\Delta X_i + \Delta X_{i-1})}\left|\begin{matrix} C_{i+1}^{T+\Delta T} \\ \\ C_{i-1}^{T+\Delta T}\end{matrix}\right. + \left(\frac{\Delta t\left|V_i - \frac{\partial K}{\partial x_i}\right|}{\Delta X_i^{i-1}} + \frac{2K\,\Delta t}{\Delta X_i^{i-1}(\Delta X_i + \Delta X_{i-1})}\right)\left|\begin{matrix} C_{i-1}^{T+\Delta T} \\ \\ C_{i+1}^{T+\Delta T}\end{matrix}\right.\right\}. \tag{17}$$

Hierbei gelten die oberen Werte für $V_i - \partial K|\partial X_i \geqq 0$ und die unteren entsprechend für $V_i - \partial K|\partial X_i < 0$.

Zur rationellen numerischen Behandlung des Problems können noch Rekursionsformeln angegeben werden, die es mit Hilfe des schnellen Tridiagonal-Algorithmus (ROACHE) gestatten, den Konzentrationswert am Punkt i durch den Wert am Punkt i_{r1} rekursiv zu bestimmen. Ausgehend von der allgemeinen Form der Gleichungen für die Teilschritte II bis IV:

$$AC_i^{T+\Delta t} = C_i^T + BC_{i+1}^{T+\Delta t} + DC_{i-1}^{T+\Delta t} \tag{18}$$

erhält man:

$$C_i^{T+\Delta T} = \frac{B}{A - DS_{i-1}} C_{i-1}^{T+\Delta T} + \frac{C_i^T + DR_{i-1}}{A - DS_{i-1}}$$

mit:

$$S_{i-1} = \frac{B}{A - DS_{i-2}}, \qquad R_{i-1} = \frac{C_i^T + DR_{i-2}}{A - DS_{i-2}}.$$

Die Konstanten A, B, D findet man durch Vergleich der Gleichungen (16), (17) und (18).

Es verbleibt noch die Aufgabe, die Koeffizienten S_i und R_i an den Rändern des Modells zu bestimmen. Aus der Randbedingung berechnen wir die Bodenkonzentration zu:

$$C_B = \left[1 + \frac{V_D\,\Delta Z}{K_{zz}}\right]^{-1} \cdot \left\{C_2 + \frac{r_M\,\Delta Z}{K_z} E_q\right\}$$

und erhalten somit für

$$S_1 = \left[1 + \frac{VD\,\Delta Z}{K_{zz}}\right]^{-1} \quad R_1 = \left[1 + \frac{V_D\,\Delta Z}{K_{zz}}\right]^{-1} \cdot \frac{r_M\,\Delta Z}{K_z} E_q.$$

An der Oberkante des Modells sollte die Bedingung der Totalreflexion gelten, d. h., daß ebenso wie an den freien Rändern die Normalableitung verschwinden soll. In Differenzenschreibweise erhalten wir dafür:

$$\frac{C_{i+1} - C_i}{\Delta X} = 0 \qquad \text{oder:} \qquad C_{i+1} = C_i.$$

Zunächst führen wir an den freien Rändern des Modells fiktive äußere Punkte C_0 am vorderen Rand und C_{L+1} am hinteren Rand ein. Damit können wir vermeiden, daß die jeweils äußeren beiden Randspuren des Konzentrationsfeldes gleich sind, was besonders für den Fall, daß eine Quelle in Randnähe steht, zu einer erheblichen Beeinflussung des Konzentrationsfeldes führt. Unter Verwendung dieser fiktiven Gitterpunkte erhalten wir für die Koeffizienten der Rekursionsformel am vorderen Rand:

$$S_1^V = \frac{B}{A - D}, \qquad R_1^V = \frac{C^T}{A - D},$$

während die Konzentration am hinteren Rand sich direkt gemäß

$$C_L^{t+\Delta T} = \frac{C_L + DR_{L-1}}{A - B - DS_{L-1}}$$

bestimmen läßt.

Konsistenz und Stabilität

Zur numerischen Lösung der Transportgleichung wurde davon ausgegangen, daß sich die betreffende Differentialgleichung in einzelne Teilschrittgleichungen zerlegen läßt. Es ist noch zu fordern, daß für

$$\Delta t \to 0, \qquad \Delta X_i \to 0$$

die lokalen Abbruchfehler des Differenzenproblems verschwinden (ISAACSON/KELLER), d. h., das Differenzenschema ist konsistent mit dem Differentialproblem.

$$\tau\{c(x, y, z, t)\} = L\{c(x, y, z, t)\} - L_D\{c(x, y, z, t)\}.$$

Dazu werden die einzelnen Teilschrittgleichungen kreuzweise mit den jeweiligen Differenzenoperatoren durchmultipliziert, anschließend addiert und so unter Voraussetzung der Kommutativität der Differenzenoperatoren sukzessive die einzelnen Teilschrittgleichungen eliminiert, und man erhält:

$$\lim \left[\frac{C^{T+\Delta T} - C^T}{\Delta T} - Q - S + F_D^1 C^{T+\Delta T} + \Delta T\{F_D^2 - \Delta T F_D^3\}\, C^{T+\Delta T}\right]$$

$$= \frac{\partial c}{\partial t} - Q - S + \tilde{F}_D^1 C, \qquad \tilde{F}_D^1 = \lim_{\Delta T,\, \Delta X^i \to 0} F_D^1.$$

Die dabei auftretenden Operatoren F_D^1, F_D^2 und F_D^3 sind gemäß:

$$F_D^1 = \sum_{i=1}^{3} \left(V_i - \frac{\partial K}{\partial x_i}\right) \Delta x_i - K\,\Delta x_i\,\Delta x_i = \sum_i F_D^{1i},$$

$$F_D^2 = \sum_i \sum_j \frac{1}{2} F_D^{1i} F_D^{1j},$$

$$F_D^3 = \prod_i F_D^{1i}$$

definiert und die ΔX_i die korrespondierenden Differenzenoperatoren zu den $\partial/\partial X_i$.

Zur Bestimmung der Stabilität kann ein Wellenansatz eingeführt und die Stabilität aus der Betrachtung des Imaginärteiles der Phasengeschwindigkeit abgeleitet werden (ROACHE). Eine derartige Analyse liefert als Stabilitätskriterium

$$\left\{1 + 2\,\Delta X_i^{-1}\,\Delta t \left|V_i - \frac{\partial K}{\partial x_i}\right| + 4\,\Delta X_i^2 K\,\Delta t\right\}^{-2} \leq 1,$$

d. h., das Verfahren ist bedingungslos numerisch stabil. Nachteilig ist bei dieser Vorgehensweise jedoch, daß die Größen V_x, ΔX, und K als zeitlich und örtlich konstant vorausgesetzt werden und daß keine Einbeziehung der Randbedingungen in die Stabilitätsbetrachtungen erfolgt. Dies ist erst mit Hilfe der Matrixmethode (SMITH) möglich. Dabei wird die Gleichung (18) in der Form

$$AC^{T+\Delta t} = BC^T$$

dargestellt, wobei die Matrizen A und B die Randbedingungen explizit mit enthalten. Das Zeitschema ist stabil, wenn die Eigenwerte der Matrix E:

$$E = A^{-1}B$$

vom Betrag her kleiner oder höchstens gleich Eins sind. Die Eigenwerte lassen sich jedoch im allgemeinen Fall nicht mehr analytisch angeben, so daß mit Hilfe numerischer Experimente bestimmt werden muß, ob bei vorgegebenen Parametersätzen ein Verfahren numerisch stabil ist (SCHENK/DAMRATH).

Meteorologischer Input

Prinzipiell wären zur Versorgung des Modells mit meteorologischen Inputdaten zwei Wege denkbar. So bestünde die Möglichkeit, die benötigten Daten an jedem Gitterpunkt meßtechnisch zu erfassen. Dies scheidet jedoch auf Grund der praktischen Undurchführbarkeit aus. Die zweite Möglichkeit wäre die Erzeugung der Daten mittels eines dreidimensionalen instationären Mesomodells. Derartige Modelle stehen jedoch auch international für operative Zwecke nicht zur Verfügung. Daher wurde eine Kompromißlösung angewendet, die es gestattet, die benötigten Daten auf dynamisch-statistische Weise zu erzeugen. Dabei wird verwendet, daß die horizontale und vertikale Verteilung der Windkomponenten und der Austauschkoeffizienten im wesentlichen durch die raum-zeitliche Struktur des geostrophischen Windes, der statischen Stabilität und der Rauhigkeitshöhe geprägt wird. Für den Süden der DDR ist auch der Einfluß der Orographie zu berücksichtigen. Für eine derartige Vorgehensweise stehen an Eingangsdaten zur Verfügung:

— vertikale Temperaturprofile aus Radiosondenaufstiegen,
— Geopotentialprognosen aus dem operativen numerischen Modell der Wettervorhersage.

Bei Verwendung dieser Daten müssen jedoch noch Annahmen über deren zeitliche und räumliche Repräsentativität getroffen werden:

— Die aus den Geopotentialwerten bestimmten geostrophischen Windvektoren sind repräsentativ für ein Raster der Gitterweite 300 km bei einer zeitlichen Auflösung von 3 Stunden.
— Die aus den Radiosondenaufstiegen zu den Terminen 0.00 Uhr, 6.00 Uhr, 12.00 Uhr und 18.00 Uhr GMT gewonnenen Angaben über die statische Stabilität werden als repräsentativ für den Norden (Station Greifswald), die Mitte (Station Lindenberg) und den Süden der DDR (Station Meiningen) bei einer zeitlichen Auflösung von 6 Stunden angesehen.

Die zeitliche Repräsentativität der Radiosondendaten ist durch diese Annahme wahrscheinlich überschätzt. Die höhere zeitliche Auflösung z. B. durch Interpolation der Daten unter Verwendung stilisierter Tagesgänge der Temperatur ist aus Gründen der Rechenzeit nicht möglich, da trotz der verwendeten einfachen Konzeption zur Erzeugung von Wind- und Austauschprofilen allein die Bereitstellung der Vertikalprofile des Austauschkoeffizienten etwa die gleiche Rechenzeit benötigt wie die Lösung der Transportgleichung. Da die Erzeugung von Windprofilen mittels eines dreidimensionalen Mesomodells nicht möglich ist, wird zur Bestimmung vertikaler Windprofile die numerische Lösung der planetarischen Grenzschichtgleichung verwendet. Zur Aufstellung dieser Gleichung wird von einem Satz von Grundgleichungen ausgegangen (WIPPERMANN), die sich unter Verwendung geeigneter Vorschriften für die Mittelwertbildung; Beachtung der REYNOLDSschen Postulate und Verwendung der Annahmen (WIPPERMANN):

— der Grenzschichtfluß ist turbulent,
— der mittlere Fluß und die Turbulenzeigenschaften sind stationär,
— der mittlere Fluß und die Turbulenzeigenschaften sind horizontal homogen,
— der molekulare Transport von Impuls, Wärme und Beimengungen ist klein gegenüber dem entsprechenden turbulenten Transport,

zu den Bewegungsgleichungen für die planetarische Grenzschicht reduzieren:

$$f\mathbf{k} \times \{V_H - V_g\} = -\frac{1}{\varrho}\frac{d}{dZ}\{\varrho V'_Z V'_H\}.$$

Nach Einführung der Schubspannung, Vernachlässigung des vertikalen Dichtegradienten und Schließung des Gleichungssystems mittels der Gradienten-Fluß-Relationen:

$$\tau_x = \bar{\varrho} K_M \frac{\partial V_x}{\partial Z}, \qquad \tau_y = \bar{\varrho} K_M \frac{\partial V_y}{\partial Z}$$

erhält man schließlich:

$$\bar{K}\frac{\partial^2 V_H}{\partial Z^2} - f\mathbf{k} \times \{V_H - V_g\} = 0.$$

Für den mittleren Austauschkoeffizienten wird ein quasistationärer Wert verwendet, der sich aus dem zuvor berechneten Austauschprofil $K(Z)$ bestimmen läßt.

$$\bar{K} = \frac{1}{H}\int_{Z_0}^{H} K(Z)\, dZ.$$

Zur Lösung der Gleichung wird ein Ansatz der Form:

$$(V_H - V_g) = e^{-DZ}(C_1 \cos DZ + C_2 \sin DZ)$$

verwendet. Nach Einsetzen des Ansatzes und Ausführung der partiellen Differentation erhält man die allgemeine Lösung. Die verbleibenden Konstanten werden aus den Randbedingungen bestimmt. Als Randbedingung wird benutzt:

$$V_H \to V_g, \qquad Z \to \infty,$$

und am unteren Rand:

$$V_H = \beta(V_g \cos\alpha + iV_g \sin\alpha).$$

Die Faktoren α und β sind die Faktoren zur Berücksichtigung der Abweichung des wahren Bodenwindes vom geostrophischen Wind. Besonders für den Süden der DDR wird diese Abweichung wesentlich durch die orographischen Verhältnisse beeinflußt. Unter Verwendung eines von DANARD entwickelten Modells ist es möglich, ausgehend von einem durch die Orographie unbeeinflußten Grundzustand unter Vorgabe einer Topographie in Abhängigkeit von Richtung und Geschwindigkeit des geostrophischen Windes die Parameter α und β zu berechnen. Die Gitterauflösung des Modells beträgt 12,5 km und ist paßfähig zu dem 25-km-Raster des Ausbreitungsmodells. Da infolge des hohen Rechenzeitbedarfes ein operativer Einsatz des DANARD-Modells nicht möglich ist, wurden für bestimmte Klassen der Richtung und des Betrages des geostrophischen Windes die Parameter α und β bestimmt und archiviert (DAMRATH). Bei Verwendung eines höhenabhängigen geostrophischen Windes erhält man schließlich für die Komponenten des Horizontalwindes:

$$V_x(Z) = V_x^g + Z\frac{\partial V_x^g}{\partial Z} - [(V_x^* - V_x^g)\sin DZ - (V_y^* - V_y^g)\cos DZ]\exp(-DZ),$$

$$V_y(Z) = V_y^g + Z\frac{\partial V_y^g}{\partial Z} - [(V_x^* - V_x^g)\cos DZ + (V_y^* - V_y^g)\sin DZ]\exp(-DZ)$$

mit

$$D = \sqrt{\frac{f}{2K}} \quad V_x^* = \beta(V_g^y\cos\alpha - V_g^x\sin\alpha)$$

$$V_y^* = \beta(V_g^y\cos\alpha + V_g^x\sin\alpha).$$

Bei Forderung der Divergenzfreiheit des Windfeldes läßt sich noch eine mittlere Vertikalbewegung gemäß

$$V_Z = V_0 + \frac{\nabla^2\Phi}{2Df}[1 + \beta(\sin\alpha - \cos\alpha)\,e^{-DZ} \times \{\sin DZ(\beta\sin\alpha - 1 - \beta\cos\alpha) - \cos DZ(\beta\sin\alpha + 1 - \beta\cos\alpha)\}]$$

bestimmen. Dies geschieht in dem auch für die Niederschlagsanalysen verwendeten 150-km-Raster.

Zur Bestimmung des vom Modell benötigten vertikalen Austauschkoeffizienten wurde ein an der Humboldt-Universität zu Berlin entwickeltes Grenzschichtmodell adaptiert. Grundlage für die Bestimmung der Austauschkoeffizienten bildet das Gleichungssystem:

$$\frac{\partial\tau_H}{\partial z} + f(V_H - V_g)\times\boldsymbol{k} = 0,$$

$$V_H\bar{V}_H\Theta + \frac{1}{C_p\varrho}\frac{\Theta}{T}\frac{\partial}{\partial Z}(P + R) = 0,$$

das eine barokline, von Phasenumwandlungen des Wassers freie planetarische Grenzschicht beschreibt, mit quasistationärer Temperaturverteilung sowie quasistationärer und quasihomogener Strömung. Zur Lösung des Systems muß der horizontale Schubspannungsvektor geeignet parametrisiert werden und die Schließung des Gleichungssystems erfolgen. Dies geschieht mit Hilfe eines Mischungswegansatzes nach WIPPERMANN (MIX/ALBERT):

$$L(Z) = L_\infty - (L_\infty - \varkappa Z_0)W^P$$

mit:

$$L_\infty = 10^{-\frac{\mu\cdot 44,2}{24,4}}, \qquad W = \frac{|\tau_0|}{|\tau_0|}.$$

Die Berechnung der vertikalen Austauschprofile erfolgt vor der Lösung der Transportgleichung in einem separaten Programmsegment. Vorzugeben sind Scherung von Betrag und Richtung des geostrophischen Windes und die thermische Schichtung.

Die Austauschkoeffizienten werden für 4 Termine und drei Regionen der DDR bestimmt und als jeweils repräsentativ für den Zeitraum von sechs Stunden und die betrachtete Region angesehen. Eine ausführliche Darstellung der Modellkonzeption findet man bei MIX 1983.

Emissionsdaten

Grundlage der Berechnungen bilden die Gesamtjahresemissionen der DDR, die von den entsprechenden staatlichen Stellen, aufgeschlüsselt nach Verwaltungskreisen, zur Verfügung gestellt werden.

Dabei erfolgt eine Unterteilung in Hausbrand-, Klein- und Mittelemittenten sowie Großemittenten, welche vorrangig Energieerzeugungsanlagen sind. Die Emissionswerte werden zunächst auf das verwendete Rechenraster transformiert.

Die Behandlung der Hausbrandemission erfolgt bei der Integration der unteren Randbedingung und die Behandlung der übrigen Emissionen im Quellterm Q.

Für die mittlere Ableithöhe der Klein- und Mittelemittenten wird einheitlich die Ebene 3 des Modells, d. h. 135 m festgelegt. Für die betrachteten Großemittenten wird per Fernschreiber täglich die Abweichung der Emission vom Durchschnittswert gemeldet und zu den aktuellen Emissionswerten der Großemittenten verarbeitet.

Die mittlere Ableithöhe $\bar{H}_A$ der Emission der Großemittenten bestimmt sich aus der Bauhöhe H der Quelle und der mittleren Schornsteinüberhöhung $\overline{\Delta H}$, d. h.

$$\bar{H}_A = H + \overline{\Delta H},$$

für die die Formel von STÜMKE:

$$\overline{\Delta H} = \frac{1}{\bar{V}_H}\left\{\frac{6V_S}{\pi d} + 65\,d^{3/2}\left(\frac{\bar{T}_S - \bar{T}_L}{\bar{T}_L}\right)^{0,25}\right\}$$

verwendet wird. Die Quellen werden entsprechend den berechneten $\bar{H}_A$ den jeweils nächstgelegenen Modellflächen zugeordnet.

Operativer Einsatz

Für den operativen Einsatz des Modells wurde ein orthogonales Gitternetz mit folgenden Bezugsgrößen konstruiert:

- Anzahl der Punkte in Nord-Süd-Richtung 27
- Anzahl der Punkte in Ost-West-Richtung 21
- Anzahl der vertikalen Stützflächen 9

Damit ergibt sich eine Gesamtgitterpunktzahl von 5103 Punkten. In der Horizontalen werden äquidistante Gitterpunktabstände von jeweils 25 km verwendet, was für die Grundfläche des betrachteten Ausbreitungsraumes einen Wert von 325000 km^2 ergibt. In der Vertikalen werden zur besseren Einordnung der Emissionsquellen und zur genaueren Bestimmung der meteorologischen Parameter in der bodennahen Schicht variable ΔZ^i zwischen den einzelnen Stützflächen verwendet:

ΔZ^i = 50 m, 75 m, 75 m, 100 m, 300 m, 400 m, 500 m, 500 m.

Die unterste Stützfläche des Modells liegt dabei in Anemometerhöhe, d. h. 10 m. Die Zeitintegration wird mit einer Auflösung von $\Delta T = 1$ Stunde ausgeführt. Somit sind täglich 24 Zeitzyklen zu berechnen. Die numerische Realisierung erfolgt unter Verwendung eines speziell für diese Zwecke entwickelten FORTRAN-Programmes auf einem Großrechner vom Typ BESM-6 (DISCHER/DISCHER). Zu Beginn der Rechnungen wird die Analyse bzw. Prognose des Geopotentials für die beiden Bezugsflächen 850 mb und 1000 mb mit einer zeitlichen Auflösung von 3 Stunden und einer räumlichen Auflösung von 300 km vorgenommen. Die Ergebnisse werden auf Magnetplatte abgespeichert. Anschließend werden aus dem Geopotential und den von Radiosondenaufstiegen stammenden Angaben zur vertikalen Temperaturverteilung die vertikalen Austauschkoeffizienten Temperaturverteilung die vertikalen Austauschkoeffizienten und deren Ableitungen nach der Höhe bestimmt und ebenfalls auf Magnetplatte abgespeichert. Danach erfolgt der Start der eigentlichen Berechnungen des Ausbreitungsvorganges. Dazu werden zunächst alle vom Programm benötigten Inputparameter sowie die Anfangsverteilung bereitgestellt. Als Anfangsverteilung wird dabei die Endverteilung der vorausgegangenen Rechnung verwendet. Im Segment zur Winddatenaufbereitung werden die bereits bereitgestellten Geopotentialdaten auf die vom Modell benötigte zeitliche und räumliche Auflösung linear interpoliert. Die interpolierten Daten werden auf Magnetplatte abgespeichert. Gleichzeitig erfolgt die Bereitstellung der großräumigen Vertikalbewegung und der großräumigen Niederschlagsintensitäten auf Magnetplatte. Im Segment der Emissionsdatenaufbereitung erfolgt die Entschlüsselung der täglich eingehenden Abweichungen vom Durchschnittswert der Emissionen für ausgewählte Großemittenten. Dabei werden sowohl die Variation der Emissionsrate als auch ein Statussymbol, das den jeweiligen Betriebszustand der Emissionsquelle beschreibt, dekodiert. Aus den aktuellen Zumeldungen der Abweichungen und den Grunddaten (Quartalsdurchschnittswerte) werden die zur Rechnung benötigten aktuellen Emissionen der Hochschornsteine auf Magnetplatte bereitgestellt. Danach erfolgt die numerische Lösung der Stofftransportgleichung mit Hilfe der Zwischenschrittmethode nach JANENKO für die einzelnen Viertelschritte. Dazu werden an jedem Zeitschritt die aufbereiteten Emissionsdaten, die Angaben zu den Niederschlagsintensitäten und der Vertikalbewegung, die vertikalen Austauschkoeffizienten sowie das Geopotentialfeld, aus dem mit Hilfe des EKMANN-Ansatzes die vertikale Windstruktur berechnet wird, von Magnetplatte eingelesen. Berechnet werden die Immissionskonzentration auf dem Gebiet der DDR, Spitzenwerte der Immissionskonzentration in ausgewählten Schwerpunktgebieten, der Tagesmittelwert der Konzentration für den Zeitraum 6.00 GMT des Vortages bis 6.00 GMT des laufenden Tages, die Menge der pro Tag und Rasterfläche trocken abgelagerten Schadstoffe sowie die Werte der SO_2^- und SO_4^--Ströme über die Landesgrenze. Für die Ströme wird an jedem Zeitschritt eine Protokollzeile gedruckt. Gleichzeitig erfolgt die Berechnung von Monats-, Quartals-, Jahres- und Langfristmittelwerten der Bodenkonzentrationen gemäß der Vorschrift:

$$\bar{C}_{ik}^{n+1} = \frac{n-1}{n}\bar{C}_{ik}^{n} + \frac{1}{n} C_{ik}^{n+1} .$$

Weiterhin wird die Summe der pro Monat und Rasterfläche trocken abgelagerten Schadstoffe berechnet. Zu Beginn eines neuen Monats, Quartals oder Jahres werden diese Mittelwerte vom Programm automatisch ausgegeben. Außerdem besteht die Möglichkeit, durch Aufruf eines speziellen Unterprogrammes Mittelwerte der Bodenkonzentration für einen beliebigen Monat oder ein beliebiges Quartal sowie den Jahresmittelwert des Vorjahres jederzeit ausgeben zu lassen. Im Ausgabesegment werden entsprechend den gesetzten Outputparametern ein Magnetband für die digitalgrafische Darstellung der Ergebnisse in Form von Isolinien erzeugt, die Immissionsverteilung zum Zeitpunkt 6.00 GMT des laufenden Tages, die Tagesmittelwerte der Bodenkonzentration, die Spitzenwerte der Bodenkonzentration an ausgewählten Punkten und der Zeitpunkt ihres Auftretens und die Summenwerte der Ströme für die Termine 12.00 Uhr GMT, 18.00 Uhr GMT, 0.00 Uhr GMT und 6.00 Uhr GMT ausgegeben. Gleichzeitig werden die Lochstreifen für die tägliche Berichterstattung an die staatlichen Stellen und für die Meldung der Ströme an das MSC-E erzeugt. Neben den reinen Belastungswerten werden eine Reihe von meteorologischen Größen als Interpretationshilfen ausgegeben. Dazu gehören die Angabe vertikaler Windprofile an den 10 idealisierten Grenzabschnitten und an den Radiosondenaufstiegsstellen für die Termine 12.00 Uhr, 18.00, 0.00 Uhr und 6.00 Uhr GMT. An den Radiosondenaufstiegsstellen werden zusätzlich noch die Profile der Koeffizienten des vertikalen Austausches angegeben. Mit einer zeitlichen Auflösung von einer Stunde werden Angaben zur großräumigen Vertikalbewegung und zur großräumigen Niederschlagssituation für insgesamt 15 Gebiete ausgegeben. Das verwendete Programm benötigt für eine Integration über 24 Stunden inklusive Datenaufbereitung ca. 750 s Rechenzeit, 28 K Maschinenworte im Hauptspeicher und ca. 65 Trakte auf einer Magnetplatte. Es arbeitet im wesentlichen autark, d. h., ein Eingriff durch den Operator oder die Eingabe von Datenkarten ist i. allg. nicht notwendig. Weiterhin ist das Programm in der Lage, auf eine Reihe von Störungen, wie z. B. Abbruch infolge Maschinenfehler, fehlende Inputdaten usw., automatisch zu reagieren.

Erfolgt auf Grund einer Maschinen- oder anderer technischer Störungen ein Abbruch der Rechnung, wird bei Neustart vom Programm automatisch an dem Zyklus fortgesetzt, der zur Zeit des Abbruchs erreicht war. Die Konzentrationsverteilung wird dazu an jedem Zeitschritt auf Magnetplatte gerettet.

Diese Art der Fortsetzung ist nur gewährleistet, falls am selben Tag die Rechnung fortgesetzt wird. Erfolgt ein mehrtägiger Stand der Maschine oder Ausfall der Winddaten, wird beim Restart die Anfangsverteilung Null gesetzt und eine Auskunft „Werte nicht verwenden, da Rechnung neu gestartet" ausgegeben. Es besteht die Möglichkeit, den Output ohne nochmalige Rechnung beliebig oft zu wiederholen. Über eine Parameterkarte kann die Wiederholung der Rechnung für den laufenden Tag unter Verwendung der gleichen Ausgangsdaten erfolgen.

Modellverifikation

Eine umfassende Verifikation der Ergebnisse des operativen Ausbreitungsmodells wird seit Dezember 1982 durchgeführt. Im Rahmen dieser Modellverifikation werden Maße für die Abweichung der an einzelnen Stationen gemessenen Tagesmittelwerte der SO_2-Konzentration und den mit dem Modell berechneten Tagesmittelwerten für die jeweiligen Rasterflächen ermittelt. Der Schwerpunkt wird dabei auf charakteristische Werte für einen Monat gelegt. Es werden sowohl die Absolutwerte der Abweichungen zwischen Modell- und Meßergebnis als auch Relativwerte behandelt. Außerdem werden die für verschiedene meteorologische Situationen (unterschiedliche Windrichtung und statische Stabilität) sich ergebenden Differenzen zwischen Modell- und Meßergebnis gesondert betrachtet. Diese Verifikation hilft dabei, typische Modellfehler und die Grenzen der Modellkonzeption zu erkennen. Die nachfolgend aufgeführten Ergebnisse wurden mit einer Modellversion erzielt, die durch folgende Eigenschaften hinsichtlich der meteorologischen Eingangsgrößen gekennzeichnet ist:

- lineare Windinterpolation zwischen unterstem und oberstem Modellniveau,
- Berechnung des Windes im untersten Modellniveau nach

$$V_H = \beta \cos \alpha\, V_g + \beta \sin \alpha\, k \times V_g ,$$

  wobei für β und α klimatologische Werte angenommen wurden (Klassifikation nach Tages- und Jahreszeit und nach geostrophischer Windrichtung),
- horizontaler und vertikaler Austauschkoeffizient $\sim v^2$.

Die Wirkung der statischen Stabilität auf den Austauschkoeffizienten wird dabei nur implizit über die Bodenreibungsparameter β und α erfaßt.

Die Leistungsfähigkeit der verifizierten Modellversion läßt sich wie folgt charakterisieren:

- Der Jahresgang der Immissionskonzentration wird an allen verifizierten Punkten qualitativ richtig wiedergegeben.
- Die Korrelationskoeffizienten zwischen den gemessenen und den berechneten Monatsmittelwerten (r_m) sind durchweg positiv und z. T. auch signifikant von Null verschieden. Der Jahresgang der Größe $q = \frac{IK\,(\text{gemessen})}{IK\,(\text{berechnet})}$ zeigt allerdings, daß der Jahresgang der berechneten Monatsmittelwerte nicht so scharf ausgeprägt ist wie der Jahresgang der gemessenen Werte.
- Die Korrelationskoeffizienten zwischen den beobachteten und berechneten täglichen Änderungen der Immissionskonzentration sind dagegen alle nicht signifikant von Null verschieden. Die größten Korrelationskoeffizienten zwischen den Änderungen der berechneten und der gemessenen Konzentration erhält man bei Mittelungszeiträumen von 2 bis 8 Tagen. Der für die Modellaussage optimale Mittelungszeitraum hängt dabei von der Lage der Station relativ zu den industriellen Ballungsräumen ab. In den Industriegebieten erhält man die beste Übereinstimmung von Meß- und Modellergebnissen bei Mittelungszeiträumen von 2 bis 3 Tagen. In emittentenfernen Regionen liegt dieser Wert bei 8 Tagen.

Tabelle 2: Zeitlicher Verlauf des Verhältnisses des Monatsmittelwertes der gemessenen SO_2-Konzentration zum Monatsmittelwert der berechneten SO_2-Konzentration für ausgewählte Stationen (Angaben in Prozent)

	Neuglobsow	Dresden	Halle	Leipzig
DEZ 82	164,1	211,9	89,0	152,7
JAN 83	135,8	242,2	70,2	83,0
FEB	288,4	179,3	189,0	341,4
MAR	144,2	135,0	87,0	89,3
APR	236,9	128,2	83,2	78,0
MAI	141,2	80,9	39,8	52,0
JUN	53,6	81,9	20,8	15,5
JUL	22,6	78,8	16,1	12,6
AUG	46,2	85,3	11,0	88,6
SEP	151,3	131,6	25,8	114,0
OKT	88,0	155,4	58,8	106,1
NOV 83	101,7	286,0	110,1	245,8

Tabelle 3: Verifikationsergebnisse für ausgewählte Stationen im Zeitraum Dezember 1982 bis November 1983

	Neuglobsow	Dresden	Halle	Leipzig
q	128,2	152,5	73,5	128,6
r_d	−0,30	0,26	−0,07	0,14
r_m	0,41	0,76	0,76	0,44

(q — Verhältnis des Mittelwertes der gemessenen SO_2-Konzentration zum Mittelwert der berechneten SO_2-Konzentration in Prozent

r_d — Korrelationskoeffizient zwischen der Änderung des Tagesmittelwertes der gemessenen und der berechneten SO_2-Konzentration

r_M — Korrelationskoeffizient zwischen den Monatsmittelwerten der berechneten und der gemessenen SO_2-Konzentration)

Der Korrelationskoeffizient zwischen den Jahresmittelwerten der berechneten und der gemessenen Konzentration, gebildet aus den Ergebnissen an 27 Stationen, beträgt 0,72.

— Im allgemeinen wird für Gebiete nahe der Großemittenten eine bessere Übereinstimmung zwischen Messung und Modellergebnissen festgestellt als für emittentenferne Gebiete.

Die Mängel in der Simulation des Jahresganges der Bodenkonzentration sind durch die fehlende explizite Berücksichtigung des Einflusses der statischen Stabilität teilweise erklärbar. Die 1984 in Betrieb genommene Modellversion läßt hier Fortschritte erwarten, da der vertikale Temperaturgradient in die Berechnung des vertikalen Austauschkoeffizienten mit eingeht. Dagegen ist bezüglich der unterschiedlichen Qualität der Modellergebnisse in der Nähe und in größerer Entfernung der Großemittenten eine eindeutige Interpretation kaum möglich. Es kann allerdings festgestellt werden, daß der benutzte mathematische Algorithmus zur Simulation der Advektion Mängel enthält. Die Verwendung eines verbesserten Ansatzes im Advektionsteil der Gleichungen läßt eine zuverlässigere Aussage über die Bedingungen in emittentenfernen Gebieten erwarten.

Literatur

CHRISTENSEN, PRAHM: A pseudospectral model for dispersion of atmospheric pollutants. Journ. Appl. Meteor. **15** (1976) pp. 1284 bis 1294.

CHUNG: Finite Elemente in der Strömungsmechanik. VEB Fachbuchverlag Leipzig, 1983.

COLLATZ: Numerische Behandlung von Differentialgleichungen. Springer-Verlag, Berlin—Göttingen—Heidelberg, 1951.

DAMRATH: Entwicklung eines Testdaten erzeugenden dynamischen Interpretationsmodells für Strömungsfelder im Meso-β-Bereich. Abschlußbericht, Zentrale Wetterdienststelle Potsdam, 1983.

DISCHER, DAMRATH: Das regionale operative Ausbreitungsmodell der DDR. Trudy IPG, Moskau 1984 (i. Druck).

DISCHER, DAMRATH, PRESSMANN u. a.: Ergebnisse des Vergleichs von mittels des DDR-Modells und des Modells der UdSSR bestimmter Bodenkonzentrationen und grenzüberschreitender Ströme. Technische Note No. 1, EMEP, Moskau 1984.

DISCHER, DISCHER: Programmkonzeption und Regieanleitung für das DESM-6 Programm APOLL. Institut für Wasserwirtschaft Berlin, 1981.

ELIASSEN: Das Flugbahnmodell; Eine technische Beschreibung, NILU.

EVANS, HARLOWE: The particle-in-cell method for hydrodynamic calculations. Los Alamos Scientific Lab. Rep., NLA-2139, Los Alamos, New Mexico, 1957.

FORTAK: Bilanzgleichungen der Theorie der turbulenten Diffusion und die Lösung von speziellen Randwertproblemen. In: Exkursionsseminar turbulenter Diffusion und spezielle Probleme aus der Dynamik der planetarischen Grenzschicht der Atmosphäre. Institut für Theoretische Meteorologie der Freien Universität Berlin, 1968.

GAJEWSKI: Zur Konvergenz von Separations-(Galerkin)Ansätzen bei zeitabhängigen Gleichungen. ZAMM **52** (1972) T 372—T 374.

HOLT: Numerical methods in fluid dynamics. Springer-Verlag, Berlin—Heidelberg—New York.

ISAACSON, KELLER: Analyse numerischer Verfahren. Edition Leipzig, 1972.

JANENKO: Die Zwischenschrittmethode zur Lösung mehrdimensionaler Probleme der mathematischen Physik. Springer-Verlag, Berlin, Heidelberg—New York, 1969.

MAHRER, PIEHLKE: A test of an upstreame spline interpolation technique for the advective terms in an numerical mesoscale model. Monthly Weather Rev. **106** (1978) pp. 818—829.

MIX: Über die Möglichkeit der Modellierung des Windfeldes in einer planetarischen Grenzschicht mit eingelagerter Temperaturinversion im (quasi-)stationären Fall Zeitschrift f. Met. **33** (1983) 1, S. 12—34.

MIX, ALBERT: Ein Vergleich von theoretisch und empirisch bestimmten vertikalen Verteilungen. Humboldt-Universität zu Berlin, 1983.

NORDLUND: A quasi-Lagrangian cell method for calculating long distance transport of atmospheric pollutants. Journ. Appl. Meteor. **14** (1975) pp. 1095—1104.

PEPPER, BAKER: Modelling pollutant dispersion over irregular terrain with second moments and cubic splines. 4the Symp. on Turbulence, Diffusion and Air Pollution. 15.—18. Jan. 1979, Reno, Nevada.

PRESSMANN, MICHAILOVA: Technische Note zur 1. Phase des EMEP MSC-E, Moskau 1980.

PURNELL: Solution of the advective Equation by upstream interpolation with a cubic spline. Monthly Weather Rev. **104** (1976) pp. 42—49.

ROACHE: Computational fluid dynamics. Hermosa Publishers, Albuquerque New Mexico.

ROLLE, RENNER: Reversible und irreversible feuchte Ablagerungsvorgänge von Luftbeimengungen. Zeitschr. f. Met. **32** (1982) 6, S. 351—359.

SAMARSKIJ: Theorie der Differenzenverfahren. Nauka, Moskau 1977.

SCHENK, DAMRATH: Ein Zeitschema zur Integration von Advektions-Diffusionsgleichungen. Zeitschr. f. Met. **34** (1984) 1, S. 22 bis 34.

SERRIN: Mathematical principles of classical fluid mechanics. Handbuch der Physik, Bd. VII/1. Springer-Verlag 1959, Berlin—Göttingen—Heidelberg.

SMITH: Numerische Lösung von partiellen Differentialgleichungen. Akademie-Verlag Berlin 1971.

VELTISHEVA, VELTISHEV: Zur Problematik der numerischen Behandlung der Advektion, pers. Mitt., Moskau 1984.

WENGLE: Numerische Berechnung der Ausbreitung hinter einer Punktquelle. PROMET 11, Dt. Wetterdienst Offenbach, 1981.

WIPPERMANN: The planetary boundary layer of the atmosphere. Ann. d. Met., Neue Folge Nr. 7 (1973) S. 34—35.

YOSHIKAWA: A computational scheme of air pollutant transfer and diffusion with a finite difference method. Papers in Meteor. and Geoph. **32** (1981) pp. 135—147.

ZIENKIEWICZ: Methode der finiten Elemente. VEB Fachbuchverlag Leipzig, 1975.

FSC
www.fsc.org
MIX
Papier | Fördert
gute Waldnutzung
FSC® C083411

Kolibri 360 GmbH
Ferdinand-Jühlke-Straße 7
99095 Erfurt, Deutschland
produktsicherheit@kolibri360.de